KB161047

수학은 어렵지만

확률·통계는 알고 싶어

수학은 어렵지만

확률 통계는 알고 싶어

요비노리 다쿠미 지음 | 이지호 옮김 | 이동흔 감수

한스미디어

감수의 글

확률과 통계를 1시간 만에 이해할 수 있는 사유와 논리의 힘 얻기

우리가 살아가는 일상은 수많은 데이터로 가득 차 있습니다. 이 데이터를 바라보는 자신만의 시선을 가진 사람과 그렇지 못한 사람의 차이는 생각보다 큽니다. 사회와 문화 그리고 자연이 매 순간 생산하는 새로운 데이터의 바다에서 그 데이터를 분석해 유의미한 가치를 찾아내는 사람만이 미래 사회를 지배할 수 있습니다. 매 순간 수없이 많은 정보가 흘러나오는 사회에서 그 정보들의 가치를 올바르게 받아들일 수 있는 사람과 그렇지 않은 사람의 격차는 상상할 수 없을 만큼 벌어지고 있습니다. 이 책의 저자는 이러한 현실을 타개하고자 데이터를 받아들이고 해석하는 수준의 격차 폭을 줄일 수 있는 대안을 제시하고자 합니다. 이를 위해 확률과 통계를 쉽게 이해할 수 있도록 돕는 몇 가지 대화 상황을 구성하고, 이 과정을 따라오는 이들에게 데이터 해석의 숨겨진 비밀 몇 가지를 전수합니다.

그 비밀은 일상에서 흔히 접할 수 있는 소재를 다룬 확률과 통계에 관한 대화를 통해 알 수 있습니다. 이 과정은 용어에 대한 이해 과정과 용어에 대한 수 기호로의 의미 전환 과정, 그리고 그림이나 그래프를 통한 개념의 시각적 표현으로 대표되는 과정으로 이루어져 있습니다. 저자는 이 세 가지 과정을 몇 가지 상황의 그림으로 연결해 '개념', '수식', '그래프와 그림' 사이의 재미있는 연결을 시도합니다.

이 책은 유튜버 수학 강사인 다쿠미 선생님과 자타 공인 수포자인 에리 씨의 대화로 이야기를 이끌어 갑니다. 소크라테스의 대화법을 떠올리게 하는 형식으로 쉽게 쓰여 있어서 단숨에 읽을 수 있습니다. 또한 어려운 용어는 지양했기 때문에 중학교 3학년 수준의 연산 능력만 있다면 쉽게 이해할 수 있습니다. 다쿠미 선생님은 에리 씨에게 곧바로 답을 주기보다는 에리 씨가 스스로 생각할 시간을 주면서 개념을 깨우칠 수 있도록 유도합니다. 어려운 수학 기호도 적절한 곳에 자연스럽게 사용해 어렵게 느껴지지 않게 하고, 해석이 필요한 부분은 꼭 자세히 설명하면서 기호 읽는 방법까지 하나하나 알려줍니다.

이 책의 저자는 우리가 수학을 공부해야 하는 이유는 데이터로 가득 찬 세상에서 합리적인 판단을 내리기 위해 꼭 필요한 정보를 찾아갈 힘을 빠르게 얻는 데 있다고 이야기합니다.

이 책을 읽는 사람은 누구나 단시간에 확률과 통계에 대한 새로운 시선을 가질 수 있게 될 것입니다. 그것은 아마도 확률과 통계를 바라보는 희망의 시선이지 않을까요.

폴수학학교 교감, 전 전국수학교사모임 회장

이동흔

머리말

수학과 물리학에 관한 주제를 다루되 수학에 자신이 없는 분들을 위해 단 한 시간 만에 이해할 수 있도록 중학생 수준의 눈높이로 알기 쉽게 설명하는 책을 쓰기 시작한 지 얼마 되지 않은 것 같은데, 벌써 세 번째 책을 내놓게 되었습니다.

다행히 앞서 내놓았던 제1탄 '미적분' 편과 제2탄 '상대성 이론' 편 모두 독자 여러분에게 많은 사랑을 받았습니다. "수학이 이렇게 간단하고 재미있는 것인 줄 몰랐어요!"라는 이야기를 주변에서 많이 들을 수 있었답니다.

이번에 시리즈의 세 번째 주제로 선택한 것은 '확률·통계'입니다. 확률·통계는 앞서 공부한 미적분이나 상대성 이론에 비해 일상생활이나 비즈니스에 곧바로 활용할 수 있는 친숙한 주제라고 할 수 있습니다. 개인적으로는 비즈니스맨들이 필수적으로 갖춰야 할 교양이라고 생각하고 있습니다.

IT 기술이 발전하면서 세상에는 온갖 정보가 넘쳐나고 있습니다. 하지만 신뢰도의 측면에서는 그야말로 옥석이 혼재된 상태입니다. 이럴 때 확률·통계에 대한 지식을 제대로 갖추고 있다면 세상에 나돌고 있는 정보 가운데 어떤 것이 '참'이고 어떤 것이 '거짓'인지 정확히 꿰뚫어 볼 수 있습니다.

일상생활을 하거나 비즈니스를 하면서 우리는 '의사결정'의 순간과 수없이 마주치게 됩니다. 그럴 때마다 자신의 '감각'에만 의지해 의사결정을 하는 사람이 상당히 많습니다. 하지만 확률·통계를 공부하고 나면 자신의 '감각'이라는 것이 사실은 거의 도움이 되지 않는다는 사실을 깨닫게 될 것입니다.

이처럼 확률·통계는 실생활에 큰 도움이 되지만, '전문지식이 없으면 이해하지 못할 거야', '복잡한 계산식을 사용해야 하잖아'라는 이미지를 막연하게 품고 있기 때문에 지레 겁을 먹고 멀리하는 사람이 많은 것 같습니다.

그렇지만 전혀 걱정할 필요가 없습니다. 이 시리즈가 늘 그랬던 것처럼 이 책 역시 수학에 자신이 없는 일반인들 대상의 강의를 바탕으로 썼고, 누구나 경험해 본 적 있는 친숙한 사례를 예로 들어 간단한 덧셈과 곱셈만으로 확률·통계의 본질을 깔끔하게 이해할 수 있도록 설명했습니다. 그렇기 때문에 틀림없이 '지금까지 이런 확률·통계 수업은 들어 본 적이 없어!'라고 생각하게 되실 것입니다.

이 책을 통해 한 명이라도 더 많은 분이 '수학적 사고'에 눈을 뜨기를 진심으로 기원합니다.

요비노리 다쿠미

CONTENTS

제2장

통계란 무엇일까?

등장인물 소개

다쿠미 선생님

인기 급상승 중인 교육 분야 유튜버 수학 강사. 대학생과 입시생들로부터 이해하기 쉽고 재미있게 강의한다는 호평을 받고 있다.

에리

제조 회사에서 영업직으로 일하는 20대 여성. 자타가 공인하는 수포자로, 학창 시절에 수학 시험에서 0점을 받은 적도 몇 번 있을 만큼 수학에 약하다. 하지만 다쿠미 선생님의 '미적분'과 '상대성 이론' 강의를 듣고 난 뒤 수학 알레르기가 조금은 약해졌다.

확률·통계는 비즈니스맨의 필수과목!

확률·통계란 무엇인가?

에리 씨, 오랜만이네요. 이번에는 수학 중에서도 '확률·통계'에 관해 강의하려고 합니다.
에리 씨는 '확률·통계'라는 말을 들었을 때 머릿속에 어떤 이미지가 떠오르시나요?

확률이라는 말은 자주 들어 봐서 대충 어떤 의미인지 알고 있어요. 하지만 통계는… 뉴스 같은 데서 어쩌다 한번 들어 본 정도라 잘 모르겠어요. 저 같은 일반인한테도 통계가 도움이 될까요?

확률·통계는 문자 그대로 '확률'과 '통계'라는 수학의 두

단원을 합친 말입니다. 이 두 단원의 공통점을 한마디로 표현한다면, '불확실한 것'을 다루는 학문이라고 할 수 있지요.

불확실한 것을 다루는 학문이요?

⊡ '불확실한 것'을 생각하는 학문이 확률·통계

세상일이라는 게 확실하지 않은 것들로 가득하지 않습니까? 특히 미래의 일은 정확히 아는 것이 거의 불가능하지요.

확실하지 않다…. 생각해 보니 '확실히 정해진 미래'라는 건 없긴 하네요.

그렇습니다. 미래는 기본적으로 '불확실'하지요. 다만 그런 불확실한 미래에 대해 '알 수 없는 미래를 생각해서 뭐하겠어?'라며 포기하느냐, '미래를 알 수는 없지만 나름대로 최선을 다해 생각해 보자'라는 자세로 접근하느냐에 따라 큰 차이가 만들어진답니다.

역시 노력하려는 태도가 중요하지요!

맞습니다! 이 '나름대로 최선을 다해 생각해 보자'라는 접근법 중에서 언뜻 우연처럼 보이는 것을 수학적으로 이해해 보려 하는 노력이 바로 확률·통계랍니다.

⊡ '중학교 수학' 수준의 지식으로 확률·통계를 다시 공부해 보자!

아하, 불확실한 미래를 수학적으로 생각해 보는 게 확률·통계였군요. 왠지 굉장히 어렵게 느껴지네요….

걱정하실 필요 없습니다! 확률·통계의 기본적인 부분은 간단한 덧셈과 곱셈을 응용하는 것만으로도 대부분 이해할 수 있거든요.

오, 그런 정도라면 저도 할 수 있겠네요. 듣고 나니 조금 흥미가 생겼어요!

확률·통계를 공부하면 '좋은 의사결정'을 할 수 있다

⊡ 확률·통계는 비즈니스에도 도움이 된다!

확률·통계가 쓸모 있는 지식이라는 것은 대충 이해했어요. 그런데 저 같은 일반인이 확률·통계를 공부해서 얻을 수 있는 이익이 있나요?

최대한 과장하지 않고 말씀드리더라도, 굉장히 많답니다!

하지만 전 평범한 회사원인데요?

비즈니스맨의 관점에서 이야기하자면, 확률·통계는 무

엇보다 먼저 '좋은 의사결정'을 하는 데 도움이 됩니다.

방금 자기계발서에서 봤던 문장을 들은 기분이…(진땀).

멋진 표현이지요?(^^) 가령 어떤 사업에 투자를 해야 하는데 '잘은 모르겠지만 왠지 돈이 될 것 같아'라는 이유만으로 안일한 판단을 하는 회사가 있다면 그런 회사는 조금 위험하겠지요.

저희 회사가 거의 그런 식인데요(진땀).

얼른 다른 회사로 이직하세요(^^). 건실한 회사라면 '사업에 성공할 확률은 어느 정도이고, 어느 정도의 이익을 기대할 수 있는가?'를 생각하면서 사업을 진행한답니다.

어떤 곳인지는 모르겠지만 굉장히 멋진 회사네요!

'정상적인' 회사는 다 그렇게 한답니다(^^).

확률·통계를 공부해서 얻을 수 있는 가장 큰 이점은 이처럼 미래의 일이나 사업에 관해 최대한 좋은 결정을 내릴 수 있도록 돕는 판단 기준을 제공해 준다는 점입니다. 지금부터 구체적인 예를 들면서 소개해 드리지요.

확률·통계를 공부하면 '세상의 거짓말'을 꿰뚫어 볼 수 있다

⊡ 확률·통계가 꿰뚫어 보는 '세상의 거짓말'이란?

확률·통계를 공부해서 얻을 수 있는 또 하나의 이점은 '세상의 거짓말에 속지 않게 된다'는 점입니다.

…세상의 거짓말이요?

간단한 예를 들어 보겠습니다.
어떤 입시 학원 출신의 합격자 '수'가 전년도에 비해 두 배로 늘었다고 가정해 보겠습니다. 에리 씨는 그 입시 학원의 수준이 높아진 결과라고 생각하시나요?

그야, 합격자가 늘어났다는 건 당연히 수준이 높아졌다는 의미 아닌가요? 다른 학원보다 더 이해하기 쉽게 가르쳤다거나….

사실 합격자의 '수'만 놓고 봐서는 그렇게 단언할 수 없답니다. 그 입시 학원의 수강생 수 역시 전년도에 비해 두 배로 늘어났다면 결국 수강생에 대한 합격자의 비율은 전년도와 차이가 없어지거든요.

앗! 생각해 보니 정말 그러네요! 하마터면 속을 뻔했어요(진땀).

이건 상당히 극단적인 예이기는 합니다만, 굉장히 적은 양의 데이터만 보여 주거나 의도적으로 자신들에게 불리한 데이터를 감추면서 자신들의 입맛에 맞도록 꾸미는 경우는 상당히 많답니다.

듣고 보니 그런 경우가 꽤 많은 것 같아요!

확률과 통계에 관한 지식이 없거나 데이터를 올바르게 보는 방법을 모른다면 그런 거짓말에 속아 넘어가기가 쉽지요.

⊡ 확률·통계로 '기적'의 정체를 꿰뚫어 본다

확률·통계를 알면 거짓말을 꿰뚫어 볼 수 있다니! 굉장히 유용할 것 같아요

확률·통계를 공부하면 '운명'이라든가 '기적' 같은 말에도 민감해지게 된답니다.

운명이나 기적도 확률·통계와 관계가 있나요?

예를 들어 보겠습니다. 에리 씨는 학교에 다닐 때 같은 반에 에리 씨와 생일이 같은 친구가 없었나요?

으음…. 저는 없었는데, 다른 친구 중에는 생일이 같은 애들이 있었어요.

그런 일이 있으면 '이건 운명이야!'라는 생각이 들곤 하지요. 그 두 친구가 남학생과 여학생이라면 주위에서 사귀라며 막 놀리기도 하고요.

그러는 애들이 꼭 있어요!

그런데 사실 계산을 해 보면 그 반의 학생 수가 23명 이상일 경우 생일이 같은 사람이 나올 확률은 50퍼센트가 넘는답니다.

네? 그렇다면 두 반 중 한 반에는 생일이 같은 애가 있어도 이상하지 않다는 말이네요!

계산상으로는 분명히 그렇습니다. 설령 5명 정도의 작은 그룹이라도 3퍼센트 정도의 확률로 생일이 같은 사람이 존재할 수 있습니다.

고작 5명인데 확률이 3퍼센트나 되나요?

70명 정도의 그룹이라면 확률은 99퍼센트가 넘어간답니다.

그쯤 되면 전혀 운명 같은 게 아니네요…(진땀).

반에 생일이 같은 친구가 있는 것 자체는 그렇게 신기할 정도로 드문 일은 아닌 것이지요.

⊡ 일상 속의 '기적'을 올바르게 이해할 수 있다

하지만 저와 생일이 같은 잘생긴 남자애가 "우린 운명의 짝꿍인가 봐"라고 말한다면 그냥 믿어 버리겠지요….

에리 씨라면 그러고도 남을 것 같기는 하네요(^^). 이처럼 세상에는 확률을 올바르게 계산해 보면 자신의 직감과는 크게 다른 결과가 나오는 경우가 종종 있습니다.

세상을 보는 시각이 조금은 달라진 기분이 드네요….

확률·통계를 열심히 공부한다면 지금의 에리 씨처럼 일상 속의 '기적'을 제대로 계산해서 올바르게 이해할 수 있게 된답니다.

통계를 사용하면 '설득력'이 크게 높아진다!

☐ 통계학은 사회를 바꿀 수 있다

확률이라는 건 참 다양한 곳에서 활용할 수 있군요. 그렇다면 '통계'를 공부해서 얻을 수 있는 이점은 뭔가요?

현대 사회에서 통계 분석이 필수가 된 지는 이미 오래되었습니다. 실제로 수많은 업계에서 통계를 활용하고 있지요.

이미 필수가 되었다고요?

통계학은 17세기경에 영국의 존 그란트라는 사람이 시작했다고 알려져 있습니다. 그는 런던 교회의 사망 기록을

분석해서 사망자의 특징과 생활 환경을 바탕으로 〈사망표에 관한 자연적 그리고 정치적 관찰〉이라는 논문을 발표해 당시의 정치계에 커다란 영향을 끼쳤지요.

17세기라고 하면 1600년대네요. 그렇게 오래전부터 있었던 학문이었군요….

⊡ '백의의 천사'는 사실 통계학자였다!

19세기 크림 전쟁에서 활약했던 나이팅게일도 통계학자로 유명한 인물이랍니다.

네? 나이팅게일은 '백의의 천사'로 유명한 간호사 아닌가요?

나이팅게일은 일반적으로 '전쟁터에서 수많은 병사를 돌본 헌신적인 간호사'라는 이미지가 강하지요.

저도 그렇게만 생각했어요.

물론 헌신적인 간호사였다는 사실도 맞습니다. 다만 나이팅게일이 높은 평가를 받은 가장 큰 이유는 의료계에 본격적인 통계학을 도입한 최초의 인물이었기 때문이랍니다.

와! 나이팅게일이 사실은 학자였다는 말인가요?

⊡ 간호사 한 명이 통계학으로 세상을 바꿔 놓았다

유복한 가정에서 태어난 나이팅게일은 매우 높은 수준의 교육을 받은 사람이었습니다. 그래서 어학에도 능통했지요. 당시 전쟁터에서 부상당한 병사가 수용된 병원에 부임한 나이팅게일은 병원의 비위생적인 환경을 개선하는 데도 크게 기여했습니다. 그리고 이를 통해 실제로 사망자 수를 크게 줄이는 데 성공했지요.

대단하네요…. 정말 문자 그대로 위인이셨군요. 그런데 통계는 어떤 역할을 했나요?

당시의 간호사는 발언권이 매우 약했기 때문에 어느 누구도 나이팅게일의 말에 귀를 기울여 주지 않았습니다. 하지만 나이팅게일은 방대한 데이터를 분석해 '병사의 사망 원인 중 대부분은 병원의 비위생적인 환경 때문이었다'라는 사실을 통계 자료의 숫자로 제시했지요. 이렇게 숫자로 증명하니 높으신 분들도 대응할 수밖에 없었답니다.

그런 노력 덕분에 높은 평가를 받을 수 있었군요.

그렇습니다. 당시 영국에서 여성이나 간호사의 지위는 지금보다 훨씬 낮았을 텐데, 이를 극복한 걸 보면 통계학에 입각한 '숫자의 힘'이 얼마나 강한 설득력을 지니고 있는지 알 수 있지요.

통계는 다른 사람을 설득하기 위한 훌륭한 무기였군요!

통계를 공부하면 '데이터를 활용하는 방법'을 마스터할 수 있다!

"실은 데이터가 이렇습니다"라고 숫자를 직접 보여 주면서 설득하면 듣는 사람도 '그렇구나!' 하고 받아들일 거 같아요.

맞습니다. 다른 사람을 설득할 때 통계를 이용하면 더 쉽게 설득할 수 있지요.
하지만 데이터를 다루는 일은 굉장히 어려운 측면도 있습니다. 지금은 IT 기술의 발전으로 방대한 정보를 손쉽게 얻을 수 있게 되었습니다. 반면 방대한 데이터를 어떻게 잘라내느냐에 따라 새빨간 거짓말도 만들어내기 쉬워졌지요.

앞에서 예로 든 입시 학원처럼 말이지요?

입시 학원의 사례에서는 '전체 학생 수'를 무시하고 합격자 수만을 보여줌으로써 실적이 향상된 것처럼 꾸몄습니다.
이처럼 통계의 숫자는 어떤 부분을 잘라내느냐에 따라 전혀 신빙성이 없는 정보도 만들어낼 수 있답니다.

편리한 반면에 무서운 측면도 있군요.

제가 느끼기에는 인터넷에 올라오는 기사 대부분이 데이터를 올바르게 사용하고 있지 않는 것 같습니다.

네? 기사 대부분이요?

그렇기 때문에 더더욱 텔레비전 뉴스든 신문의 기사든 마지막에는 '무엇이 진실일까?'를 스스로 판단하는 자세가 필요하답니다.

어떻게 통계를 사용하느냐에 따라 사람들에게 도움이 될 수도 있고 사기에 이용될 수도 있는 것이군요….

⊡ 비즈니스맨으로서의 교양을 갖춘다!

그렇습니다. 특히 오늘날처럼 정보가 넘쳐 나는 시대에는 신빙성이 낮은 정보도 마찬가지로 흘러넘칩니다. 확률·통계를 제대로 공부하면 조금이라도 성공할 가능성이 높은 의사결정을 하거나, 유익한 정보를 빠르게 감지해내거나, 비즈니스맨으로서의 교양을 갖출 수 있게 되지요.

확률·통계라는 건 굉장히 멋진 학문이네요!
다쿠미 선생님, 이번에도 잘 부탁드려요!

제1장

확률이란 무엇일까?

LESSON 1

확률이란 '어떤 사건이 일어나기 쉬운 정도'를 뜻한다

⊡ '확률'이 뭐지?

먼저 확률의 기본부터 시작하겠습니다! 에리 씨도 학교에서 확률을 배우셨을 텐데, 얼마나 기억하고 계신가요?

그게, 그냥 어렴풋하긴 한데…. 어떤 일이 10번 중에 1번 일어나는 경우에 10퍼센트 확률이라고 하지 않나요?

오! 대충 그런 식입니다!

아무리 수포자라고 해도 그 정도는 안다고요(^^)!

그렇다면 그 말을 좀 더 수학적으로 표현해 보겠습니다.

확률이란 어떤 사건이 일어나기 쉬운 정도다

뭔가 표현이 조금 어려워졌는데요!

에리 씨, 진정하시고 다시 한번 잘 읽어 보세요(^^). 그렇게 어려운 말은 적혀 있지 않답니다.

죄, 죄송해요(^^). 그게 뭐랄까, 평범한 우리말 같지가 않아서 저도 모르게 그만….

어순을 살짝 바꿔 보면 이렇게 됩니다.

'어떤 사건이 일어나기 쉬운 정도'를
'확률'이라고 부른다

⊡ 어떤 사건이 '일어나기 쉬운 정도'

이렇게 바꾸니까 이해가 되는 것 같은 기분이 들어요!

이 '사건 A가 일어날 확률'을 P(A)라고 표시하겠습니다.

으악! 또 어려워 보이는 기호가….

언뜻 들으면 어려워 보일지도 모르지만, 여기서 'P'는 영어 'Probability(확률)'의 머리글자일 뿐이랍니다.

그렇군요…. 'P가 머리글자'라는 걸 알고 나니 허들이 조금 낮아진 기분이 드네요!

다음에는 확률을 계산하는 방법을 살펴보겠습니다!

확률을 계산해 보자!

⊡ 동전을 던졌을 때 '뒷면'이 나올 확률은?

'확률'이라는 말의 뜻은 어느 정도 이해했어요. 하지만 계산 방법은… 혹시 어렵지 않나요?

계산 자체는 그다지 어렵지 않답니다.
확률은 다음의 나눗셈으로 계산할 수 있지요.

$$P(A) = \frac{\text{사건A가 일어나는 경우의 수}}{\text{일어날 수 있는 모든 경우의 수}}$$

저기, 선생님….

네, 이렇게만 적으면 조금 어렵게 보일 테니 간단한 동전 던지기를 예로 들어 설명해 드리겠습니다.

'동전을 던졌을 때 앞면이 나오느냐, 뒷면이 나오느냐?' 라는 문제군요.

그렇습니다.

동전 던지기에서는 '앞면' 혹은 '뒷면', 이 두 패턴의 사건이 일어나지요.

동전 던지기의 경우는 이 '두 패턴의 사건'이 전부입니다.

동전을 던지면 앞면이 나오거나 뒷면이 나오거나 둘 중 하나니까요. '동전이 똑바로 서는' 일은….

동전이 똑바로 서는 건 유튜브에 올려도 될 정도로 희귀한 사건이니까, 여기에서는 생략하도록 하겠습니다 (^^).

그건 그렇지요…(^^).

확률에서는 이 '사건의 수'를 '경우의 수'라고 표현하는데, 동전 던지기에는 '경우의 수가 2가지' 존재합니다. 다시 말해 다음과 같이 말할 수 있지요.

'동전 던지기'에서 일어날 수 있는 모든 경우의 수
= 앞면이 나오는 경우와
뒷면이 나오는 경우의 두 패턴
= 2

동전 던지기의 경우 앞면 혹은 뒷면, 이 둘 중 하나이니까요!

'둘 중 하나'라니, 중요한 걸 깨달으셨네요!

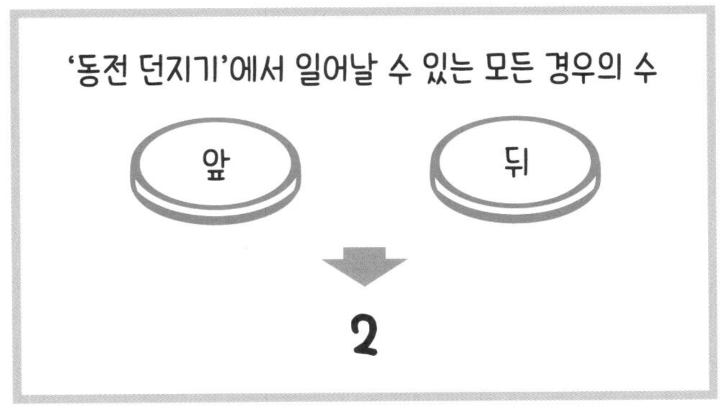

동전 던지기에서 '뒷면이 나오는' 경우는 그중에서 한 가지 경우밖에 없습니다. 즉,

사건A(뒷면이 나왔다)가 일어나는 경우의 수

= 1

이라고 말할 수 있지요.

그 말은…, 이제 식에 대입만 하면 된다는 거네요!

그렇습니다!

식에 대입하면 다음과 같습니다.

$$P(A) = \frac{\text{사건A가 일어나는 경우의 수}}{\text{일어날 수 있는 모든 경우의 수}}$$

$$= \frac{1}{2}$$

요컨대 확률은 $\frac{1}{2}$이 되며, 이는 '두 번 중에 한 번 정도 일어나는 일'이라고 생각할 수 있지요.

언뜻 어려워 보이지만, 순서대로 진행하니까 평범한 계산으로도 풀 수 있네요!

⊡ 주사위를 굴렸을 때 '1의 눈'이 나올 확률은?

이번에는 주사위의 경우를 예로 들어 생각해 보겠습니다. 이 경우에 '일어날 수 있는 모든 경우의 수'는 무엇일까요?

으음, 그게….

주사위를 굴렸을 때는 1, 2, 3, 4, 5, 6이라는 각각의 눈이 나오게 되지요. 다시 말해 각각의 경우의 합계가 '모든 경우의 수'가 됩니다.

그렇다면, 주사위의 눈은 1부터 6까지 있으니까 '모든 경우의 수'는 6인가요?

그렇습니다.

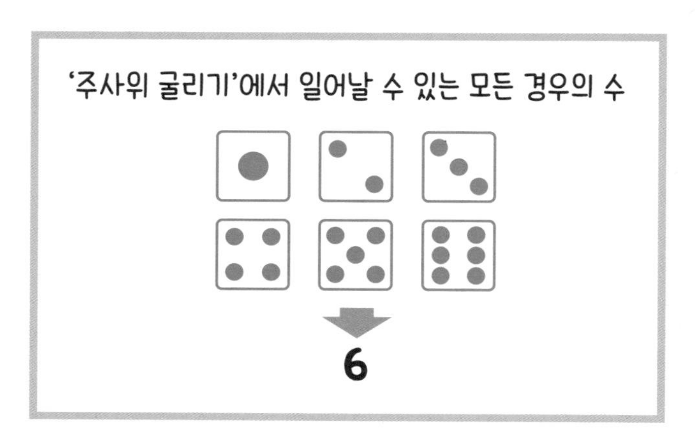

그렇다면 이 가운데 '2의 눈이 나오는' 경우는 몇 개일까요?

2의 눈이 나오는 건 2의 눈이 나올 때뿐이니까…, 하나뿐이지요?

그렇습니다.

그러니까 '2의 눈이 나오는 경우의 수'는 '1'이 됩니다.

이것을 확률의 식에 대입해 보겠습니다.

$$P(A) = \frac{\text{사건A가 일어나는 경우의 수}}{\text{일어날 수 있는 모든 경우의 수}}$$

$$= \frac{1}{6}$$

다시 말해 주사위를 굴렸을 때 2의 눈이 나올 확률은 $\frac{1}{6}$이 되네요!

확률을 계산하는 방법은 이게 전부입니다. '일어날 수 있는 모든 경우의 수'와 '사건 A가 일어나는 경우의 수'를 계산해서 나누면 끝이지요.

말로만 들었을 때는 조금 어렵게 느껴졌는데 설명을 듣고 나니 대충 이해가 됐어요!

확률 수업은 이것으로 끝인가요?

사실은 아직 주의해야 할 점이 있답니다.

바로 '경우의 수'를 세는 방법이지요.

확률의 포인트는 '동등하게 가능한가' 그렇지 않은가

⊡ '동등하게 가능하다'란?

다쿠미 선생님. 경우의 수를 계산할 때 주의해야 할 점이 있다는 게 무슨 뜻인가요?

'경우의 수'는 그것이 몇 가지 패턴이 있는지 세면서 구할 수 있었습니다.

그런데 사실 앞에서 예로 든 동전이나 주사위는 각각의 사건이 '동등하게 가능한' 것이었습니다.

동등하게 가능하다고요?

이건 상당히 까다로운 표현이라서 수학을 잘하는 사람

도 올바르게 이해하지 못하는 경우가 있습니다.

헉! 그런 걸 제가 이해할 수 있을까요(진땀)?

이해하기 쉽게 설명해 드릴 테니 걱정 마세요! 게다가 매우 중요한 이야기랍니다.

동전을 던질 경우를 예로 들어서 생각해 보겠습니다.

앞에서는 확률을 계산했는데, 동전 던지기를 했을 때 나올 수 있는 경우는 보통 앞면 아니면 뒷면의 두 가지 경우뿐이지요.

네, 둘 중 한 가지뿐이지요.

"동등하게 가능하다"는 말은 이 '앞면이 나오는 경우와 뒷면의 나오는 경우'가 전부 똑같다는 의미입니다.

'나올 확률이 같다'라는 의미인가요?

결국은 그런 의미입니다만, '확률'의 정의를 이야기하면서 '확률'이라는 단어를 쓰고 싶지는 않기 때문에 이렇

게 표현한다고 생각해 주세요.

으음…. 원칙이 확고하시네요. 그건 그렇다 치고 '동등하게 가능한가' 그렇지 않은가가 왜 그렇게 중요한가요?

'동등하게 가능하지 않은' 것을 그대로 세어 버리면 확률을 잘못 계산할 수 있기 때문입니다. 자세한 것은 다음 수업 때 설명해 드리지요!

LESSON 4

'동등하게 가능하지 않은' 경우는 어떻게 해야 할까?

⊡ '짝수인 눈'이 나올 확률을 계산하는 방법

그러면 이번에는 '동등하게 가능하지 않은' 경우에 관해 생각해 보겠습니다.

간단히 말하면 '동전을 던졌을 때 앞면과 뒷면이 똑같은 비율로 나오지 않는' 경우이지요?

그렇습니다. 여기에서는 이해를 돕기 위해 주사위를 예로 들어서 생각해 보겠습니다.

먼저 '짝수의 눈'이 나올 확률을 계산해 봅시다.

으음, 먼저 '모든 경우의 수'는 아까처럼 똑같이 '6'이지요?

그렇습니다. 하지만 이번에는 '짝수의 눈이 나온' 사건을 세야 하니까 2, 4, 6의 세 가지 패턴이 되지요.

그러니까 계산식은 이렇게 되겠네요?

$$P(A) = \frac{3}{6} = \frac{1}{2}$$

훌륭하네요! 정확합니다.

⊡ 만약 '같은 눈'이 있는 주사위가 있다면?

하지만 이 계산은 '동등하게 가능한 경우'의 이야기잖아요.

날카로운 지적입니다.
이는 '동등하게 가능한 경우'의 계산이지요.
그러면 이번에는 주사위의 눈이 '동등하게 가능하지 않은 경우'를 생각해 보겠습니다.

'동등하게 가능하지 않은 주사위'도 있나요?

예를 들면 다음 그림과 같은 주사위가 그렇습니다.

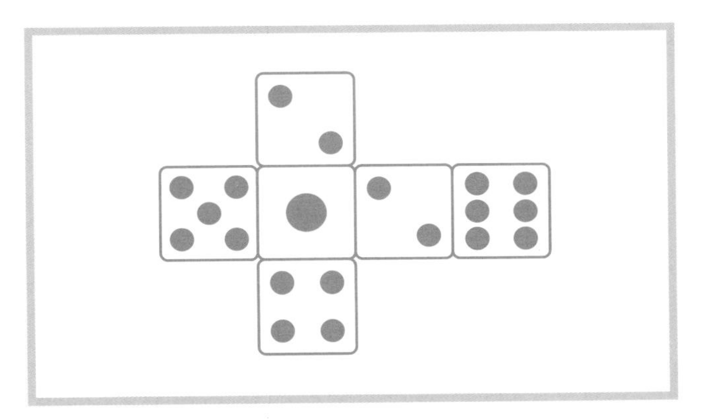

이런 그림을 전개도라고 하지요.

이 주사위에는 3의 눈이 없고, 그 대신 2의 눈이 2개 있습니다.

'3이 나오지 않는 주사위'라는 말이네요….

그렇다면 이 경우에 '짝수의 눈'이 나올 확률은 어떻게 계산해야 할까요?

먼저, '모든 경우의 수'는 1, 2, 4, 5, 6의 5가지네요. 그리고 짝수의 눈이 나오는 경우는 2, 4, 6이니까 세 가지이고….

거기서 잠깐! 바로 그 부분이 틀리기 쉬운 포인트입니다!

⊡ '동등하게 가능한 경우의 수'를 센다

이 주사위는 '2의 눈'이 나오는 비율이 높기 때문에 "나오는 눈의 숫자는 동등하게 가능하지 않다"라고 말할 수 있습니다.

야바위꾼이 쓸 것 같은 주사위네요….

확률 계산을 할 경우에는 '동등하게 가능한 경우의 수'를 세야 올바른 값을 구할 수 있답니다.

동등하게 가능한 경우요?
하지만 이건 '동등하게 가능하지 않은 주사위'잖아요?

예를 들어 나오는 눈의 수를 이렇게 표현하면, 각각의 눈이 나오는 것이 "동등하게 가능하다"라고 말할 수 있습니다.

3의 눈이 2의 눈이 된 주사위의 눈

1, 2(5의 반대쪽), 2(4의 반대쪽), 4, 5, 6

이렇게 언뜻 봐서는 똑같은 '2의 눈'을 따로 구별해서 세면 각각의 눈이 나오는 경우는 '동등하게 가능'해집니다.

2(5의 반대쪽)와 2(4의 반대쪽)는 같은 2이지만 따로 세면 되는군요!

주사위는 앞의 그림처럼 6개의 면이 있어서 굴릴 때마다 어느 한 면이 위로 올라옵니다. 적어도 어떤 면이 위에 오는지는 평범한 주사위와 똑같기 때문에 "동등하게 가능하다"라고 말할 수 있지요.

그러니까 같은 2라도 '5의 반대쪽에 있는 2'와 '4의 반대쪽에 있는 2'를 별개의 면으로 간주하면 나오는 비율이 같다고 생각할 수 있습니다.

그렇군요….

그렇게 하면 계산은 어떻게 되나요?

모든 경우의 수는 6이고, 짝수의 눈은 '2(5의 반대쪽), 2(4의 반대쪽), 4, 6'의 네 가지가 존재하니까, 다음과 같이 됩니다.

$$P(A) = \frac{4}{6} = \frac{2}{3}$$

'동등하게 가능한 경우의 수를 센다'라는 게 중요한 포인트네요!

⊡ 인기 연예인이 될 확률은?

'동등하게 가능하지 않은 경우'의 재미있는 예로, '인기 연예인이 될 수 있을까? 될 수 없을까?'라는 문제에 관

해 생각해 보겠습니다.

이것도 '인기 연예인이 될 수 있을까? 될 수 없을까?'의 둘 중 하나네요.

언뜻 보면 그렇게 보이지요.
하지만 인기 연예인이 될 확률이 $\frac{1}{2}$인가 하면 그렇지는 않습니다.

생각해 보면 분명 그렇군요!
$\frac{1}{2}$의 확률로 인기 연예인이 될 수 있다면 저도 한번은 도전해 봤을 거예요(^^).

비율을 비교하면 '인기 없는 연예인'의 수가 압도적으로 많지요.

그러니까, '인기 연예인이 될 수 있을까?'와 '될 수 없을까?'는 "동등하게 가능하지 않다"라고 말할 수 있다는 거군요?

그렇습니다!

비율이 다른 것을 같은 경우로 놓는다면 동등하게 가능하지 않은 경우의 수를 세게 되지요.

인기 연예인이 될 확률의 사례처럼 '어라? 이걸 그대로 세어도 되는 걸까?'라는 생각을 항상 머릿속에 넣어 두시기 바랍니다.

'각각의 비율이 전부 같은지'를 반드시 확인해야 하는군요.

그렇습니다. 그것이 '동등하게 가능하다'라는 감각을 키우는 방법이지요.

LESSON

5

'제비뽑기'를 먼저 뽑는 것과 나중에 뽑는 것은 어느 쪽이 더 유리할까?

⊡ '제비뽑기'에서 당첨이 될 확률은?

이제 '동등하게 가능한가, 그렇지 않은가?'가 확률을 계산할 때의 포인트라는 점을 이해하셨으리라 믿습니다.

경우의 수를 올바르게 세지 못하면 완전히 엉뚱한 답이 나오는 거군요….

다음으로 '경우의 수를 세는 방법'에 관해 생각해 보려고 합니다.

에리 씨는 '제비뽑기'를 좋아하시나요?

제비뽑기요?

얼마 전까지도 백화점이나 상점가 같은 데서 자주 했었어요! 뽑을 때마다 가슴이 두근거릴 정도로 정말 좋아해요!

편의점에서도 제비를 뽑아서 당첨되면 상품을 주는 이벤트를 열기도 하지요. 이번에는 제비뽑기에서의 경우의 확률을 생각해 보도록 하겠습니다.

먼저 상자 안에 제비가 5장 있다고 가정해 보겠습니다. '당첨'은 1장이고 나머지는 '꽝'입니다. 지금부터 A와 B라는 두 사람이 순서대로 상자에 손을 넣어서 제비를 뽑습니다.

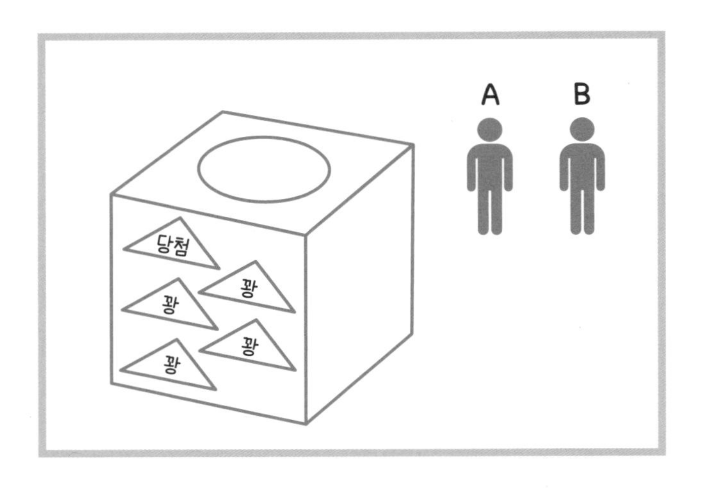

뽑은 제비를 다시 상자에 넣지 않는다는 규칙이 있다면 에리 씨는 먼저 제비를 뽑고 싶으신가요, 아니면 나중에 뽑고 싶으신가요?

네? 그야, 앞 사람이 먼저 '당첨'을 뽑으면 저는 '꽝'이 확정이잖아요? 그러니까 먼저 뽑아야죠!

하지만 잘 생각해 보세요. 일단 뽑은 제비는 그대로 버려지니까, A가 먼저 뽑아서 꽝이 나왔다면 에리 씨가 당첨을 뽑을 확률이 높아질 수도 있어요.

으윽…. 선생님, 저를 시험에 들게 하시네요(^^).

⊡ '당사자 의식'을 가지면 먼저 뽑고 싶어진다

이처럼 순서대로 제비뽑기를 하는 경우 A가 당첨을 뽑는다면 B는 꽝이 확정되기 때문에 기대감이 완전히 사라져 버립니다. 하지만 만약 A가 꽝을 뽑는다면 B는 당첨을 뽑을 확률이 먼저 제비를 뽑은 A보다 높아지지요.

하지만 그렇다고 해도 나중에 뽑는다면 '만약 A가 당첨을 뽑는다면…' 하는 생각을 떨쳐버릴 수 없을 것 같아요.

당사자의 처지에서 생각하면, A가 먼저 당첨을 뽑을 경우 허무하게 게임이 끝나기 때문에 아무래도 B의 입장이 되고 싶지 않다는 심리가 발동하게 되지요.
일상생활에서도 종종 이런 상황과 마주하게 된답니다.

듣고 보니까 지금까지 별다른 고민 없이 감정적으로만 움직였는지도 모르겠어요.

그러면 제비뽑기 사례를 통해 그 감정을 논리적으로 파악해 보도록 합시다.

⊡ 'A가 당첨을 뽑을 확률'의 계산

감정을 논리적으로 파악한다니…. 뭐랄까, 조금 으스스한 기분이네요.

먼저 A가 당첨을 뽑을 확률을 생각해 보겠습니다.

상자 속에 들어 있는 제비 5장 가운데 '당첨'은 1장, '꽝'은 4장입니다.

이 경우 어떻게 세어야 '동등하게 가능한' 계산이 될까요?

이 경우에는 '당첨'과 '꽝'의 비율이 다르니까….

그렇습니다! '당첨'과 '꽝'이 '동등하게 가능하지' 않지요. 그러므로 '꽝'인 4장을 각각 따로따로 생각해야 합니다.

그렇다면 '모든 경우의 수는 5', '당첨을 뽑는 경우의 수는 1'이네요!

에리 씨도 이제 요령을 파악하셨군요! 요컨대 A가 당첨을 뽑을 확률은,

$$P(A) = \frac{1}{5}$$

이 됩니다.

여기까지는 아까하고 똑같네요.

⊡ B가 제비를 뽑는 경우의 수는?

그러면 이번에는 B가 '당첨'을 뽑을 확률을 생각해 보겠습니다. 이 경우에는 '경우의 수'를 셀 때 약간 주의가 필요합니다.

무슨 말씀이신가요?

이 경우에는 B가 제비를 뽑기 전에 먼저 A가 제비를 뽑습니다. 그 결과에 따라 상황이 달라지니까 처음에 A가 제비를 뽑는 시점부터 패턴을 계산해야 하지요.
먼저 A가 제비를 뽑는 다섯 가지 패턴을 생각합니다. 그런 다음 각각의 경우에 B가 나머지 제비를 뽑는 경우를 생각해야 한다는 말입니다.

갑자기 머릿속이 복잡해졌어요(진땀).

⊡ '수형도'를 이용해서 경우의 수를 센다

이해합니다. 이럴 때는 수형도를 이용하면 편리하지요.

수형도요?

다음 쪽의 그림을 봐 주세요.

선을 사용해서 각각의 경우를 패턴별로 정리해 보겠습니다.

먼저 알기 쉽도록 제비에 번호를 매깁니다. 당첨을 '1', 꽝을 각각 '2, 3, 4, 5'라고 하겠습니다. 그러면 모든 경우의 수는 다음과 같이 나타낼 수 있지요.

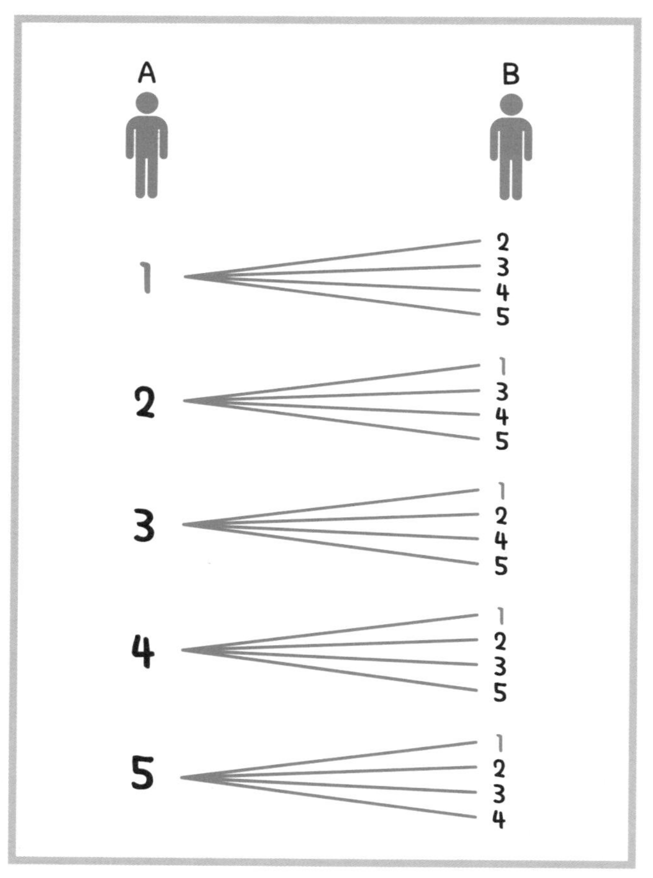

와! 이렇게 하니까 생각하기가 굉장히 쉬워졌어요!

먼저 A가 당첨 제비, 그러니까 1을 뽑았을 경우를 생각

해 보겠습니다.

한 번 뽑은 제비는 다시 상자에 넣지 않으니까, 다음에 B가 뽑을 수 있는 제비는 '2~5' 네 가지이지요.

네, 이해했어요!

다음으로 A가 2를 뽑았을 경우 B는 '1, 3, 4, 5'의 네 가지 제비를 뽑을 수 있습니다.

⊡ 제비뽑기의 계산 방법

A가 3, 4, 5를 뽑았을 경우도 똑같이 생각할 수 있겠네요!

그렇습니다!

그리고 그 경우들을 전부 세어 보면 B가 제비를 뽑기까지의 패턴은 수형도의 가장 오른쪽에 있는 것처럼 20가지가 된다는 것을 알 수 있습니다.

당장 확률을 생각해 봐야겠어요!

그 마음은 이해합니다만, 잠시 진정하고 중요한 것을 떠올려 보시기 바랍니다.
확률에서 경우의 수를 계산할 때 뭔가 확인할 필요가 있지 않았던가요?

아, 맞다! '동등하게 가능한가?'를 먼저 확인해야 하지요?

바로 그겁니다!
이번에 나온 이 20가지 패턴 중에는 특별한 사건이 없기 때문에 전부 '동등하게 가능하다'라고 할 수 있습니다.

이제 안심하고 계산을 할 수 있겠네요!

의욕이 넘치시는군요! 좋습니다!
그렇다면 'B가 당첨을 뽑을 경우의 수'는 몇 가지일까요?

이 경우에는 1번 제비를 뽑으면 '당첨'이니까…, 네 가지인가요?

훌륭하십니다!

그러면 식에 대입해서 계산해 보지요.

$$P(A) = \frac{4}{20} = \frac{1}{5}$$

답은…, $\frac{1}{5}$이라고요?

A가 당첨을 뽑을 확률과 똑같잖아요?

네, 확률은 완전히 똑같습니다.

신기한가요?

그러면 다음 수업에서는 왜 A와 B의 당첨 확률이 똑같아지는지에 관해 깊이 생각해 보도록 하지요.

LESSON
6

'순서대로 제비를 뽑으면' 왜 확률이 '똑같아지는' 것일까?

⊡ '조건부 제비뽑기'를 생각하는 방법

이건 우연의 일치인가요?

이것이 자연스러운 일이라는 점을 다른 관점에서 생각해 보겠습니다. 다만 지금까지 공부한 것보다 조금 어려운 내용이기 때문에 혹시 이해가 안 된다면 건너뛰어도 무방합니다. 먼저 앞에서 예로 들었던 제비뽑기를 떠올려 보세요. B가 당첨을 뽑는 패턴은,

① A가 꽝을 뽑는다
② A가 꽝을 뽑았다는 조건 아래
B가 당첨을 뽑는다

라는 두 가지 조건을 충족시킬 필요가 있습니다.

그야, A가 당첨을 뽑아 버리면 그 시점에 B는 제비를 뽑을 필요조차 없어지니까요.

수형도를 보면서 생각해 보겠습니다. 먼저 ①이 되는 비율은 $\frac{4}{5}$ 입니다. 그리고 A의 2, 3, 4, 5 제비에서 뻗어 나온 선 가운데 당첨 제비로 이어지는 선은 각각 $\frac{1}{4}$ 의 비율이 될 겁니다.

다시 말해서 전체에서 B가 당첨을 뽑는 비율은,

$$\frac{4}{5} \times \frac{1}{4} = \frac{1}{5}$$

이 되는 것이지요. 그리고 이것은 B가 당첨을 뽑을 확률을 의미합니다.

수형도의 가지를 일일이 세는 것보다 훨씬 영리한 방법이네요.

⊡ 인원수가 늘어나도 확률은 달라지지 않는다

사실 이런 형식의 제비뽑기의 경우에는 먼저 뽑든 나중에 뽑든 확률은 항상 같습니다. 인원수가 늘어나더라도 달라지지 않아요.

네?

그렇다면 인원수를 1명 더 늘려서 B 다음에 C가 뽑더라도 모두 확률이 똑같나요?

그렇습니다.

그럴 경우에는 A가 꽝을 뽑는 비율이 $\frac{4}{5}$, 이어서 B가 꽝을 뽑는 비율이 $\frac{3}{4}$, 그리고 이후에 C가 당첨을 뽑는 비율이 $\frac{1}{3}$이니까,

$$\frac{4}{5} \times \frac{3}{4} \times \frac{1}{3} = \frac{1}{5}$$

정말로 $\frac{1}{5}$이 됐네요! 믿을 수가 없어요….

설령 1명이 더 늘어서 C 다음에 D가 제비를 뽑더라도 당첨을 뽑을 확률은 똑같아진답니다. 요컨대 같은 형식의 제비뽑기라면 인원수가 몇 명이든 당첨을 뽑을 확률은 모두 같다는 것이지요.

그렇다면 제비뽑기에서는 언제 제비를 뽑든 결국 확률이 똑같은 건가요?

네, 똑같은 확률입니다.

네에?
그렇다면 선생님은 백화점에서 제비뽑기를 할 때 어떤 아주머니가 새치기를 해도 "확률은 같으니까 먼저 뽑으세요"라고 말씀하실 수 있나요?

물론입니다. 확률은 같으니까요.

하지만 그 아주머니가 덜컥 당첨을 뽑아 버리면 억울하잖아요? '역시 내가 먼저 뽑았어야 했는데!'라는 생각이 들지 않을까요?

확률적으로는 언제 뽑든 똑같으니까 어쩔 수 없는 일이지요. 같은 조건의 제비뽑기라면 무조건 모두 같은 확률이니까요.
그러니까 '내가 먼저 뽑아야 하는데!'라며 초조하게 생각할 필요는 전혀 없답니다.

이야기를 듣고 나니까 제비뽑기에 대한 생각이 달라졌어요.

잘 의식하지는 못하지만, 살다 보면 이런 상황과 자주 마주하게 되지요.
다음에는 좀 더 복잡한 경우의 수를 계산하는 방법을 전수해 드리겠습니다!

LESSON
7

'선택해서 나열하는 문제'의 경우의 수를 계산하는 방법

⊡ '확률'의 진정한 오묘함은 지금부터다!

확률을 계산할 때는,

① 분모에 '일어날 수 있는 모든 경우의 수'
② 분자에 '사건 A가 일어나는 경우의 수'

이 두 가지에 관해 각각이 몇 가지인지 세어야 한다고 말씀드렸습니다.

처음에는 굉장히 어려울 줄 알았는데 의외로 간단했어요!

분명히 지금까지 다룬 제비뽑기나 주사위 굴리기 같은 사례들은 간단했는지도 모르겠네요. 하지만 애초에 경우의 수를 세는 것 자체가 어려운 경우도 많답니다.

네?

이번에는 제비뽑기나 주사위 굴리기보다 한 단계 수준을 더 높여 보도록 하겠습니다.

⊡ '4명 중 3명을 골라서 줄을 세울' 때의 경우의 수

먼저 'A, B, C, D 4명 중에서 3명을 골라 줄을 세우는', 이른바 '순열' 문제를 생각해 보겠습니다.

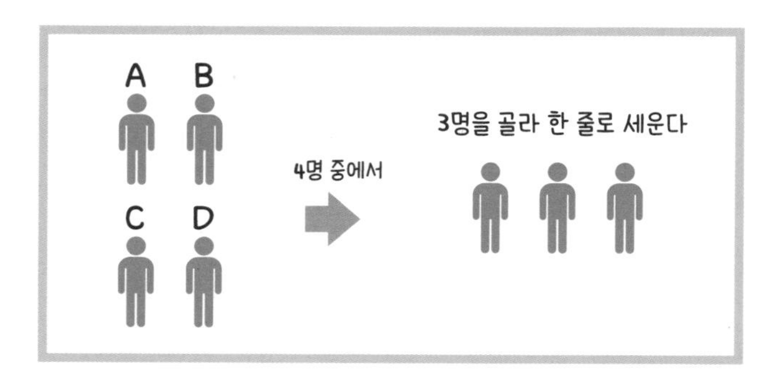

순열이요?

순서대로 나열한다는 의미입니다.

예를 들어 'A, B, C'라는 패턴과 'B, A, C'라는 패턴은 선택된 사람은 똑같지만 순서가 다르기 때문에 다른 것으로 취급합니다.

'A, B, C'와 'B, A, C'를 다른 것으로 취급한다면 패턴이 많아지겠네요.

그렇습니다. 역시 이럴 경우는 '수형도'를 그려서 정리하는 것이 가장 좋지요.

모든 패턴을 그리는 건가요?

전부 그려야죠.

경우의 수를 계산할 때의 기본은 역시 수형도입니다. 대학 입시에는 "수형도를 얼마나 그렸느냐가 이 단원의 성적을 좌우한다!"라는 말이 있을 정도이지요(^^).

하아, 스파르타식이네요(진땀).

⊡ '순열 문제'에서 수형도를 그리는 방법

그러면 수형도를 그려 봅시다.

여기에서는 3명을 골라 한 줄로 세워야 하니까 왼쪽부터 수형도를 그려 나가겠습니다.

먼저 A가 가장 왼쪽에 서 있을 때부터 생각해 봅시다.

A가 제일 먼저 뽑혔다면, 다음에는 B, C, D가 뽑힐 가능성이 있겠네요.

네. A가 첫 번째로 뽑히고, 그다음은 B라고 가정해 보겠습니다. 그렇다면 그다음에는 C 아니면 D가 뽑히겠지요.

이것으로 두 패턴이 생겼네요.

다음으로 첫 번째가 A, 두 번째가 C일 때를 생각해 보면, 세 번째는 B 또는 D의 두 패턴입니다. 이렇게 순서

에 따라 모든 패턴을 수형도로 그려 나가다 보면, 아래의 그림처럼 됩니다. 에리 씨도 꼭 자신의 힘으로 그려 보시기 바랍니다. 그래야 수형도에 익숙해질 수 있거든요.

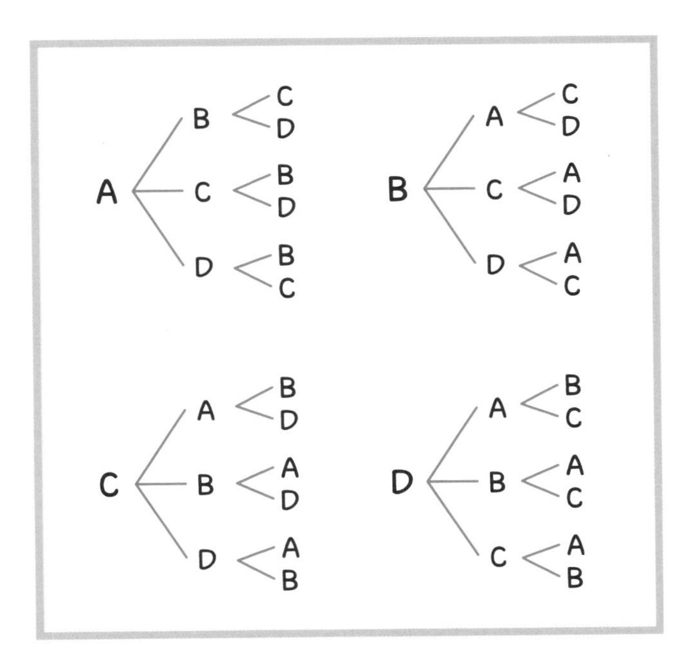

 상당히 중노동이네요….

 힘들어도 이런 것부터 착실히 하는 게 중요하답니다.

그건 그렇고 경우의 수는 전부 몇 가지일까요?

으음, 그러니까… 24가지인가요?

네, 정답입니다!

⊡ 경우의 수를 간단히 계산하는 방법

경우의 수를 세는 게 생각보다 쉬운 일이 아니네요.

사실은 조금 더 영리하게 세는 방법이 있습니다. 수형도를 다시 한번 유심히 들여다보세요.

먼저 첫 번째는 A, B, C, D 4명 중에서 골라야 하므로 선택지는 네 가지입니다.

만약 A를 골랐다면 다음에는 B, C, D의 3명 중에서 골라야 하니까 수형도에서는 3개의 가지를 뻗게 되지요.

그리고 여기에서 B를 골랐다면 마지막은 C, D의 2명 중에서 고르니까 수형도에서 2개의 가지가 뻗게 됩니다.

선택지가 순서대로 1명씩 줄어드는군요.

바로 그겁니다!

첫 번째는 4가지, 두 번째는 3가지, 세 번째는 2가지가 되지요.

그러니까 4명 중에서 3명을 골라 줄을 나열하는 경우의 수는 다음과 같은 방법으로 계산할 수 있답니다.

$$4 \times 3 \times 2 = 24\text{가지}$$

와! 깔끔하게 계산이 되었네요!

이 패턴의 계산은 처음에 몇 명이 있든, 그중에서 몇 명을 나열하든 같은 방식으로 총수를 구할 수 있습니다.

그래서 수학에서는 일반적으로 기호를 사용해 나타내곤 하지요.

다음 수업 때 더 자세히 살펴보도록 하겠습니다.

LESSON 8

이렇게 하면 '$_nP_r$'의 계산도 두렵지 않다!

⊡ '순열'의 경우의 수를 스마트하게 계산하는 방법

또 기호가 늘어나나요? 벌써부터 겁이….

수학에서는 수가 달라질 때마다 일일이 고치지 않아도 되도록 일반적인 기호를 사용합니다. 덕분에 오히려 편하게 계산할 수 있지요.

편해지는 건 저도 좋아요!

그 기호는 다음과 같습니다.

$_nP_r$: 다른 n개 중에서 r개를 골라서 나열한 순열의 총수

역시 뭐가 뭔지 잘 모르겠어요(^^).

문자만 보면 어렵게 느껴질지도 모르겠습니다. 여기에서 'P'는 'Permutation(순열)'을 나타내는 기호이고, 좌우에 조그맣게 붙어 있는 n과 r은 몇 개에서 몇 개를 고르는가를 나타내는 문자입니다.

가령 앞의 예에서는 4명 중에서 3명을 골라 한 줄로 세웠지요? 이 기호를 사용해서 그 결과를 나타내면,

$$_4P_3 = 4 \times 3 \times 2 = 24$$

이렇게 된답니다.

아하, 딱히 새롭게 뭔가를 하는 건 아니군요.

그렇습니다.

마찬가지로 6명 중에서 4명을 골라 한 줄로 세울 때는 총수를 ${}_6P_4$라는 기호로 나타냅니다. 실제로 계산해 보면 수형도에서 금방 알 수 있듯이 $6 \times 5 \times 4 \times 3 = 360$가지이므로,

$${}_6P_4 = 6 \times 5 \times 4 \times 3 = 360$$

이라고 적을 수 있습니다. 이처럼 ${}_nP_r$은 n의 숫자부터 수를 1씩 줄여 가면서 r개의 수를 곱한다는 의미이지요.

수형도에서 뻗어 나가는 선이 하나씩 줄어드니까 곱하는 수도 1씩 줄어드는 것이라고 이해하면 될까요?

네, 바로 그겁니다! 그러면 연습 삼아 ${}_{10}P_4$의 의미와 계산 결과를 말씀해 보시겠어요?

으음…. 의미는 '다른 10개 중에서 4개를 골라 나열한 순열의 총수'이고, 계산은

$$_{10}P_4 = 10 \times 9 \times 8 \times 7 = 5040$$

이렇게 하면 되나요?

완벽합니다!

⊡ 수가 1까지 나열된다면 '계승'을 사용하자!

이번에는 단순히 'n명을 한 줄로 세우는' 문제를 생각해 보겠습니다.

이번에는 제외되는 사람이 없군요!

네. 이번에는 전원을 줄세웁니다.

그렇다는 건…, '$_nP_r$'로 생각하면….

예를 들어서 5명이라면 '$_5P_5$'가 됩니다.

$$_5P_5 = 5 \times 4 \times 3 \times 2 \times 1 = 120\text{가지}$$

5부터 1까지 순서대로 곱하는군요.

중요한 점을 눈치채셨네요! 이처럼 어떤 수(n)에서 1씩 줄이면서 1까지 곱하는 것을 '계승' 혹은 '팩토리얼'이라고 합니다.

계승이라….

⊡ 새로운 기호는 '새로운 애완동물' 같은 것

수학에서는 '계승'을 이렇게 표현합니다.

$$n!$$

으악, 또 기호가 나왔네!

겁내지 않으셔도 됩니다! 이 아이는 안 물어요.

애완견을 데리고 나온 아주머니 같은 말씀을 하시네요(^^).

그게, 에리 씨가 지금까지 한 번도 본 적 없는 동물을 처음 본 아이 같은 반응을 보이시기에…(^^).
애완동물을 키우려고 집에 데려오는 이유는 무엇일까요? 귀여워서겠지요? 수학의 기호도 비슷합니다. 편리하니까 데려오는 것이지요. 그러니 무서워하지 말고 귀여워해 주세요.

기호는 애완동물과 같다….

n!은 n부터 1까지 n개의 숫자가 나열되는 곱셈이니까, 순열의 기호 ${}_nP_r$과는 언제나 이런 관계입니다.

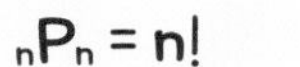

$${}_nP_n = n!$$

특별한 $_nP_r$이라는 것이군요!

그렇습니다. 이것은 정말 편리한 기호입니다. 가령 '100의 계승'을 그냥 식으로 적으려고 하면,

$$100 \times 99 \times 98 \times 97 \times 96 \times \cdots \times 6 \times 5 \times 4 \times 3 \times 2 \times 1$$

처럼 숫자가 100개나 이어지는 엄청나게 긴 식이 되어 버리거든요.

으아아…. 숫자가 이 정도로 길게 이어지면 대체 무슨 식인지 감이 안 잡힐 것 같아요.

그런데 'n의 계승은 $n!$'이라고 나타내면 식을 대폭 단축시킬 수 있지요. 가령 위의 식은 100!이라고만 적으면 되는 겁니다.

그러니까 '!은 계승. 이하 생략'인 거네요.

어떤가요? 사랑스럽게 느껴지기 시작했지요(^^)?

아니, 딱히 사랑스럽게 느껴지지는….

기호에 애착을 느끼기 시작한 김에, 이번에는 '자리 바꾸기'에 관해 생각해 보도록 하겠습니다.

계승을 이용해서 '자리 바꾸기'를 빠르게 계산해 보자!

⊡ 4명을 4개의 의자에 바꿔 앉게 한다

자리 바꾸기라고 하니까 갑자기 학창시절이 떠오르네요….

에리 씨의 학창시절 이야기는 나중에 듣기로 하고, 지금은 이야기를 진행하겠습니다.

너무해요(ㅜㅜ).

먼저 간단한 문제를 통해 생각해 보지요. '의자가 4개 있고, 그 의자에 4명이 앉는' 상황을 가정해 보겠습니다. 4명이 앉는 패턴은 몇 가지일까요?

뭐예요, 전혀 간단하지 않잖아요(^^).

에리 씨, 당황하실 필요 없습니다. 실제 계산 방법은 '줄 세우기'하고 똑같거든요. 잘 모르겠으면 수형도를 그리면서 생각해 보세요. 먼저 의자에 '1, 2, 3, 4'라고 번호를 붙입니다. 그런 다음 1명씩 골라서 의자에 앉히니까, 가짓수는 아래와 같지요.

①의 의자에 앉힐 사람을 고르는 가짓수는 4가지
②의 의자에 앉힐 사람을 고르는 가짓수는 3가지
③의 의자에 앉힐 사람을 고르는 가짓수는 2가지
④의 의자에 앉힐 사람을 고르는 가짓수는 1가지

아! 아까하고 같은 방식이군요!

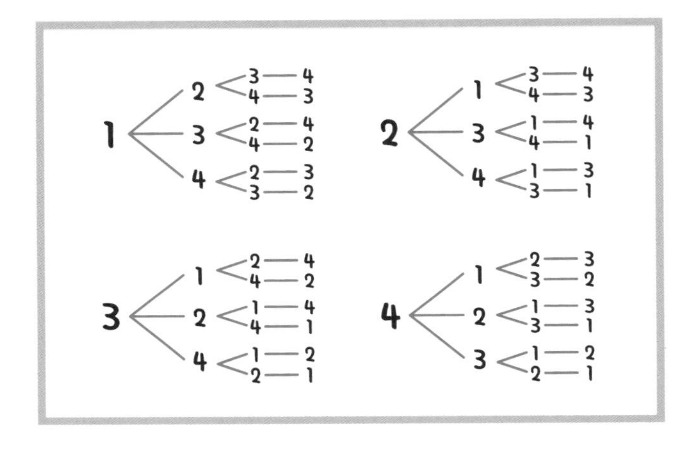

즉 이때의 모든 경우의 수는 '4!'가 됩니다.

아, 4!은 '4의 계승'이니까….

$$4! = 4 \times 3 \times 2 \times 1 = 24$$

답은 24가지네요!

에리 씨, 훌륭하십니다!

저도 계산할 수 있네요!

익숙하지 않은 조건의 문제가 나오면 일단 수형도를 그려 보는 것을 잊지 마시기 바랍니다.

⊡ '자리 바꾸기의 경우의 수'는?

4명이 자리를 바꾸는 경우는 어렵지 않게 계산할 수 있었는데, 학교에서 자리를 바꿀 때의 패턴도 계산할 수 있나요?

그야 물론 가능하지요!
예를 들어 한 반의 학생 수가 40명이라고 가정해 보겠습니다. 먼저 교실에 있는 모든 의자에 번호를 붙인 다음, 1번 의자부터 그 의자에 앉는 학생의 패턴이 몇 가지인지 생각해 보시기 바랍니다.

1번 의자에 앉을 학생을 40명 중에서 고르면 되니까….
그리고 다음에는…. 아하, 아까 했던 자리 바꾸기 문제와 똑같이 생각하면 되네요!

그렇습니다.

다시 말해 한 학급의 학생 수가 40명이라면 패턴은 '40! 가지'가 되지요.

계산하면 어떻게 되나요?

여기에서는 계산하지 않겠습니다만 수십 자리나 되는 굉장히 큰 수가 나온답니다.

그리고 어떤 특정 의자에 배치될 확률은 $\frac{1}{40}$!이 되지요.

⊡ 학교의 자리 바꾸기는 '운명?'

우리 같은 평범한 인간에게 자리 바꾸기는 언제나 운명에 가깝습니다.

'그 순서대로 앉을' 확률은 매번 $\frac{1}{40}$!이니까요. '이 세계에서는 40!가지나 되는 패턴 중에서 이 순서가 선택되었구나'라고 생각할 수 있겠네요.

그렇게 생각하니 왠지 로맨틱한데요.

이런, 이야기가 샛길로 빠질 뻔했군요. 다시 본론으로 돌아가서, 다음에는 '조합 문제'를 생각해 보겠습니다.

LESSON
10

'조합 문제'를 계산하는 방법

5명 중에서 3명을 선택하는 '조합'

계승의 계산에 익숙해졌으니, 다음 문제를 생각해 보도록 하겠습니다.

이번에는 '5명 중에서 3명을 고르는' 문제입니다.

이번에는 한 줄로 세우지 않는군요!

이번 문제의 포인트는 '줄을 세우지' 않고 '고르기만 할 뿐'이라는 점입니다.

'고르기만 할 뿐'이면 뭐가 달라지나요?

순열의 문제에는 순서의 개념이 있기 때문에 'AB'와 'BA'를 별개의 패턴으로 취급했습니다. 하지만 이번에는 'AB'와 'BA'를 '같은 조합'이라고 생각합니다.

그렇게 되면 경우의 수가 꽤 줄어들겠네요.

그렇습니다.

얼마나 줄어드는지 실제로 계산을 하면서 확인해 보겠습니다. 여기에서는 다음과 같은 기호를 사용합니다.

${}_{n}C_{r}$: 다른 n개 중에서 r개를 고르는 조합의 총수

또 기호가 나왔네!

겁내지 마세요! 얘도 안 물어요! 편리하기 때문에 사용하는 것뿐이랍니다.

하하, 기호는 애완동물이었죠…(진땀).

참고로, C는 영어 'Combination(조합)'의 머리글자에서 따온 것입니다. 이번에 구하고자 하는 것은 '5명 중에서 3명을 고르는' 경우의 수니까, ${}_5C_3$을 구하면 됩니다.

이건 어떻게 계산해야 하나요?

처음부터 차근차근 설명해 드리지요. 먼저 '줄을 세우지 않는' 계산 방법을 생각하기 위해 '줄을 세우는' 문제를 생각해 보겠습니다.

뭔가 상당히 기발한 접근법이네요.

이 방법이 가장 이해하기 쉽다고 생각합니다.
그러면 '5명 중에서 3명을 골라서 한 줄로 세우는' 경우의 수를 생각해 보겠습니다. 이미 배운 기호를 사용해 ${}_5P_3$이라고 나타낼 수 있다는 건 기억하시지요?

⊡ ${}_5C_3$을 구한다

하지만 이번에는 '줄을 세우지' 않잖아요?

네. 이번에는 '5명 중에서 3명을 골라 한 줄로 세운다'라는 문제를 다음과 같이 분해해서 생각해 보겠습니다.

① 5명 중에서 3명을 고른다($_5C_3$)

② 그 3명을 한 줄로 세운다(3!)

어떤 3명을 고르든 각각 3!가지의 패턴으로 줄을 세울 수 있으니까, ①과 ②를 곱한 값이 $_5P_3$이 될 겁니다.

하지만 $_5C_3$이 뭔지는 아직 모르잖아요?

말씀하신 대로입니다.
하지만 다음 식이 성립한다는 것은 알고 계시죠?

$$_5C_3 \times 3! = {_5P_3}$$

그건 맞아요.

이 식을 살짝 변형시키면….

$${}_5C_3 \times 3! = {}_5P_3$$

$${}_5C_3 = \frac{{}_5P_3}{3!}$$

이렇게 하면 신기하게도 좌변에는 계산 방법을 알 수 없었던 ${}_5C_3$이, 우변에는 계산 방법을 잘 알고 있는 ${}_5P_3$과 3!이 나타나게 되지요.

또한 좌변과 우변이 등호로 연결되어 있으니까 ${}_5C_3$도 계산할 수 있게 되는 겁니다.

와! 마술을 부린 것 같아요!

말로 표현하면 '${}_5C_3$은 ${}_5P_3$을 3!로 나눈 것'임을 알 수 있지요.

여기까지 왔으면 답은 구한 것이나 다름이 없네요!
제가 직접 계산해 볼게요!

$$ {}_5C_3 = \frac{{}_5P_3}{3!} = \frac{5 \times 4 \times 3}{3 \times 2 \times 1} = 10 $$

풀었어요!

정답입니다!

즉 '5명 중에서 3명을 고르는' 조합의 수는 10가지입니다.

⊡ '골라서 줄을 세운다'와 '줄을 세운다'의 나눗셈

이것은 몇 명 중에서 몇 명을 고르든 적용할 수 있는 문제니까, 어떤 숫자든 사용할 수 있도록 일반적으로 적는다면 이렇게 됩니다.

$$ {}_nC_r = \frac{{}_nP_r}{r!} $$

이렇게 보면 어렵게 보이지만, 결국은 '골라서 줄을 세운다'와 '줄을 세운다'의 나눗셈이네요!

계산 자체도 분모와 분자에 약분할 수 있는 것이 많아서 보기보다 어렵지 않답니다.

그러고 보니 실제 계산은 그다지 어렵지 않네요. 다른 조합 문제도 풀어 보고 싶어졌어요!

LESSON
11

'조합 문제'를 활용하는 방법

⊡ '조합'의 신기함

그런데 '고르기만 할 뿐'인 쪽이 '골라서 줄을 세우는' 것보다 계산이 더 복잡하다니 신기한데요.

조금 신기하지요(^^)?
왜 이렇게 되는가 하면, '조합'을 생각하는 경우에는 겹치는 부분이 생기기 때문입니다. '골라서 줄을 세우는' 경우에는 겹치는 부분이 없기 때문에 개념적으로는 더 간단하지요.

⊡ 토너먼트 방식의 스포츠 대회가 많은 이유

조합 계산도 우리의 일상생활에서 이용되고 있나요?

물론입니다. 굉장히 편리하거든요. 가령 스포츠 대회는 토너먼트 방식인 경우가 많아요. 그런데 토너먼트에서 패한 뒤에 눈물을 흘리는 선수의 모습을 보고 '풀리그(full league) 방식으로 진행하면 좋을 텐데'라고 생각하셨던 경험은 없었나요?

네, 있어요! 풀리그 방식이라면 다들 후회를 남기지 않고 대회를 마칠 수 있을 텐데요.

사실 여기에는 분명한 이유가 있답니다. '풀리그 방식으로는 대회를 진행하기가 어렵기 때문'이지요.

네? 고작 그런 이유 때문에요?

10개 팀이 참가하는 대회를 예로 들어서 비교해 보겠습니다. 토너먼트 방식일 경우에는 필요한 경기의 수가 모

두 합쳐서 9경기입니다.

와! 다쿠미 선생님은 역시 계산이 빠르시네요!

사실 이건 빠르게 계산할 수 있는 비법이 있답니다(^^).

비법이요?

토너먼트 방식으로 대회를 진행하면, 우승팀 이외에는 결국 반드시 1패씩 기록하게 되잖아요? 그리고 하나의 경기에는 반드시 패자가 존재합니다. 요컨대 '경기 수 = 패배의 수'가 성립한다는 걸 알 수 있습니다. 그러니까 토너먼트 방식인 대회의 전체 경기 수는 항상 '참가팀 − 1'이 됩니다. −1은 물론 우승팀의 몫이고요.

와! 이것도 재미있네요!

이야기가 잠시 샛길로 빠졌는데, 지금부터가 본론입니다. 10개 팀이 풀리그 방식으로 경기를 할 경우, 필요한 경기의 총수는 '10개 팀 중에서 두 팀을 고르는 조합'을 계

산해서 구할 수 있습니다. 'A 대 B'와 'B 대 A'는 같은 경기이므로 순서는 생각하지 않아도 되지요.

그러면 계산은 $_{10}C_2$이겠네요!

에리 씨, 정확하게 기억하고 계시는군요! 그러면 계산해 봅시다.

$$_{10}C_2 = \frac{_{10}P_2}{2!} = \frac{10 \times 9}{2 \times 1} = 45$$

토너먼트 방식일 때는 9경기였던 것이 풀리그 방식으로 하면 45경기나 되어 버리네요!

이렇게 비교해 보면 풀리그 방식으로 대회를 진행하는 것이 얼마나 어려운 일인지 알 수 있습니다. 그러면 구체적인 사례를 하나 더 살펴보도록 하겠습니다.

⊡ 조합 계산의 구체적인 예

이번에는 '30명 중에서 주번 3명을 뽑는' 문제를 생각해 봅시다.

으음…. 조합 계산이니까 ${}_{30}C_3$이네요!

$$
\begin{aligned}
{}_{30}C_3 &= \frac{{}_{30}P_3}{3!} \\
&= \frac{30 \times 29 \times 28}{3 \times 2 \times 1} \\
&= 4060
\end{aligned}
$$

에리 씨, 잘하셨습니다!

고작 주번을 결정하는 데도 패턴이 4060가지나 되는군요.

그렇다면 주번을 무작위로 고를 때 이 학급에서 '에리

씨와 에리 씨가 짝사랑하는 남학생 B'가 같이 주번이 될 확률은 어떻게 될까요?

⊡ '짝사랑하는 B와 함께 주번이 되는' 경우의 수

그거, 굉장히 궁금한 확률이네요!

먼저 '에리 씨와 B가 함께 주번으로 뽑히는' 조합의 수를 생각해 보겠습니다. 일단 '2명은 이미 뽑힌 상태'라고 가정해 보지요. 그러면 생각해야 할 것은 '남은 28명 중에서 나머지 1명을 고르는 방법'이 됩니다.

그렇다면 ${}_{28}C_1$이네요.

다음과 같이 계산할 수 있지요.

$$ {}_{28}C_1 = \frac{28}{1!} = 28 $$

여기에 확률을 구하려면 '일어날 수 있는 모든 경우의 수'도 필요했지요? 이것은 앞에서 나왔던 '$_{30}C_3$'을 계산한 값인 4060입니다.

즉 에리 씨와 B가 함께 주번이 될 확률은 다음과 같습니다.

$$P(A) = \frac{_{28}C_1}{_{30}C_3} = \frac{28}{4060} = \frac{7}{1015}$$

그렇군요!

어디 보자…. 계산기로 7÷1015를 계산하면….

뭐야? 약 0.0069?

고작 0.7퍼센트 정도밖에 안 되잖아요!

현실은 냉혹한 법이지요.

확률·통계의 전반전인 '확률' 수업은 이것으로 끝입니다.

굉장히 알찬 수업이었어요.

확률 계산이라는 게 우리의 일상생활에서도 참 많이

사용되는군요.

여러 가지 확률들을 계산해 보고 싶어졌어요!

제2장

통계란 무엇일까?

'통계학'을 익혀서 비즈니스에 강해지자!

⊡ 통계학은 무엇을 하는 학문일까?

다음에는 통계에 관해 이야기해 드리겠습니다.

확률 수업은 굉장히 재미있었어요! 하지만 통계는 왠지 어려울 것 같은 느낌이 드네요. 통계도 확률처럼 저 같은 일반인에게 도움이 되는 과목인가요?

단도직입적으로 말씀드리면, 평범한 사회인에게도 엄청나게 도움이 된답니다!

자신만만하시네요!

통계학을 한마디로 설명하면 '집단을 수치적, 수량적으로 이해하는 학문'이랍니다.

집단을, 수치적으로, 이해한다…고요?

간단한 예를 들어 보겠습니다. 에리 씨는 유튜브를 자주 보시나요?

네, 가끔 봐요.

저는 유튜브에 동영상을 올리고 있기 때문에 '어떤 시간대에 어떤 연령대의 사람들이 어떤 영상을 얼마나 보고 있는가?' 등을 수치로 확인할 수 있답니다. 그래서 종종 참고하고 있지요.

⊡ 통계학은 현대의 필수과목!

유튜브에서는 그런 데이터도 볼 수 있군요!

최근에는 웹사이트나 스마트폰 앱의 광고 등에도 그런

데이터가 사용되고 있습니다. '이 상품은 이런 사람들에게 팔아야 한다'라는 식으로 비즈니스에 활용되고 있는 것이지요.

와, 대단하네요. 통계학은 정말로 쓸모가 많군요!

그런 시대가 됐으니 우리도 그 내용을 최대한 정확히 알아둬야겠지요!

통계학은 굉장한 학문이군요! 갑자기 흥미가 생겼어요!

LESSON

2

통계학의 기본인 '대푯값'이란?

가장 먼저 '대푯값'을 이해하자!

통계학이 재미있을 것 같다는 생각이 들기는 했지만, 다시 생각해 보니 계산은 어려울 것 같아요.

분명히 숫자가 굉장히 많이 등장하는 학문이기는 합니다. 하지만 이번에는 일반적인 사칙연산(덧셈, 뺄셈, 곱셈, 나눗셈)밖에 안 나오니까 안심하세요.

휴….

그러면 먼저 통계학의 기본 용어인 '대푯값'이라는 것부터 소개하겠습니다.

대푯값이요?

통계학은 방대한 양의 데이터를 다룹니다. 가령 유튜브에는 시청자 수나 연령, 시청 시간 등 다양한 데이터가 있는데, 그런 숫자 자체만 보면 무엇을 의미하는 것인지 빠르게 이해하는 게 불가능하겠지요.

생각만 해도 소름이 끼치네요.

그런데 그 특징을 어떤 하나의 수치로 나타낼 수 있다면 편리하지 않을까요? 바로 그 수치를 '대푯값'이라고 한답니다.

특징을 수치로 나타낸다?

예시가 없으면 이미지를 떠올리기 어려우실 거예요. 먼저 가장 친근한 대푯값으로는 '평균값'이 있습니다.

평균이요? 그거라면 저도 알아요!

그러면 평균값부터 살펴보도록 합시다!

LESSON 3

대푯값의 첫걸음 '평균값'

⊡ 시험 점수를 어떻게 판단해야 할까?

사람들은 평균값을 매우 좋아합니다. 학교에서 시험을 봤을 때도 평균 점수를 굉장히 신경 쓰지요.

맞아요! 저도 학창 시절에는 '무슨 일이 있어도 반 평균보다는 높은 점수를 받아야 해!'라는 압박감과 싸웠어요.

먼저 이해하기 쉽게 '10점 만점인 시험을 9명이 치렀다'라는 상황부터 생각해 보겠습니다. 각각의 성적은 다음과 같습니다.

2점, 3점, 3점, 6점, 7점, 7점, 7점, 9점, 10점

점수가 제각각이네요.

이 정도의 인원수라면 점수를 쓱 보고도 '딱히 학업 성적이 우수한 학급은 아니구나'라는 것을 느낄 수 있지요.

분명히 그렇긴 하네요(^^).

하지만 학생 수가 30명, 100명일 경우를 상상해 보세요. 점수의 데이터가 너무 많으면 쓱 보는 정도로는 아무것도 알 수 없을 겁니다.

100명 이상의 규모가 되면 일일이 세어 보지 않고서는 고득점을 올린 학생이 많은지 적은지도 알 수 없을 거예요.

⊡ 데이터의 특징을 나타내는 '대푯값'

그럴 때 등장하는 것이 '평균값'을 구하는 계산입니다. 에리 씨는 평균값을 어떻게 계산하는지 알고 계시나요?

아무리 수포자라도 평균값을 구하는 방법 정도는 알아요(^^). '전원의 점수 합계를 인원수로 나누는' 거잖아요.

$$\frac{2+3+3+6+7+7+7+9+10}{9} = 6$$

에리 씨, 정답입니다!

참고로 평균값은 'x' 위에 막대 같은 것을 그은 '$\bar{x}$(엑스바)'라는 기호로 나타냅니다.

$$\bar{x} = \frac{합계}{데이터의\ 수}$$

어떤가요? 평균 점수가 '6점'이라는 걸 알게 되니까 '데이터의 인상'이 크게 달라지지요?

네. 전체적으로는 조금 나은 수준이라는 이미지가 생겼어요.

이처럼 대푯값은 어떤 데이터의 특징을 살필 때 도움이 되는 값이랍니다.

LESSON

4

평균 점수보다 더 참고가 된다? '중앙값'

⊡ 대푯값은 어디까지나 하나의 관점일 뿐

평균 점수라는 것도 엄연한 통계학이군요.

평균값은 우리와 매우 친숙한 용어입니다. 가령 A반의 평균이 6점, B반의 평균이 7점이라면 A반의 담임 선생님은 "B반이 우리 반보다 성적이 좋더라"라며 화를 내실지도 모르지요. 요컨대 평균값을 통해서 '학급의 점수라는 데이터의 커다란 특징'을 읽어낼 수 있다는 의미입니다.

평균값을 구하면 어떤 학급이 우수한지 알 수 있는 것이군요!

다만 평균값은 어디까지나 하나의 관점에 불과합니다.

네? 평균값말고도 데이터의 특징을 나타내는 대푯값이 있다는 말씀이신가요?

⊡ '중앙값'으로 전체의 중간을 파악한다

평균값에 비하면 인지도가 낮습니다만, '중앙값'이라는 대푯값도 있습니다.

들어 본 적이 있는 것도 같고 없는 것도 같고….

앞에서 예로 들었던 9명의 시험 점수를 다시 한번 가져와 보겠습니다.

2점, 3점, 3점, 6점, 7점, 7점, 7점, 9점, 10점

이런 데이터였지요.

낮은 점수에서 높은 점수의 순서로 나열한 이 데이터에서 한가운데에 위치한 점수는 무엇일까요?

9명의 점수 중에서 '한가운데에 위치한 점수'라면 다섯 번째에 있는 점수인가요?

그렇습니다. 이 9명의 경우, 낮은 점수에서 높은 점수의 순서로 나열했을 때 다섯 번째에 위치한 점수는 7점이니까 '중앙값은 7'이 됩니다. 참고로 통계학에서는 흔히 x의 위에 '~(물결표)'를 붙여서 '$\tilde{x} = 7$'로 표시합니다.

작은 수에서 큰 수의 순서로 나열했을 때 한가운데에 위치한 값

2, 3, 3, 6, (7), 7, 7, 9, 10

이 경우, 중앙값은 7이 된다!

이번에는 홀수인 9명이니까 다섯 번째가 정확히 한가운데였지만, 짝수일 경우에는 어떻게 되나요?

일반적으로 한가운데에 있는 2명의 평균값을 구합니다. 예를 들어 7점과 8점이라면 중앙값은 7.5점이 되겠지요.

그렇군요!

그런데 '평균값'과 '중앙값' 외에도 다른 대푯값이 있나요?

네, 있습니다.

다양한 관점의 대푯값이 있는데, 다음 수업에서는 '최빈값'을 살펴보겠습니다.

가장 빈번하게 출현하는 '최빈값'

⊡ 데이터 중에서 가장 많이 등장하는 값

이번에는 '최빈값'을 살펴보도록 하겠습니다.

가장, 빈번하게 등장하는, 값인가요?

네, 문자 그대로 그런 의미입니다.

앞에서 예로 들었던 학급의 점수는,

2점, 3점, 3점, 6점, 7점, 7점, 7점, 9점, 10점

이었습니다.

그렇다면 최빈값은 무엇일까요?

가장 빈번하게 나오는 값이니까, 일반적으로 생각하면 '7점'이 아닐까요?

에리 씨, 정답입니다! 예리하시네요!

선생님, 억지로 칭찬해 주지 않으셔도 돼요(^^). 딱 보면 알 수 있는 거니까….

최빈값이란 데이터 중에서 가장 빈번하게 등장하는 수치를 가리킵니다. 간단하지요?

네? 그게 전부인가요?

그게 전부입니다.

그러면 이런 대푯값들의 차이점과 중요성을 이해하기 위한 실제 사례를 소개해 드리겠습니다.

LESSON
6

'대푯값'에 따라 데이터를 바라보는 시각이 달라진다!

⊡ '평균 연봉'은 '평범'하지 않다?

그러면 뉴스에서 종종 듣게 되는 '회사원의 평균 연봉'에 관해 생각해 보겠습니다.

평균 연봉이라면 저하고도 관련 있는 친근한 사례네요!

종종 뉴스에서 요즘 평균 연봉이 420만 엔이라는 이야기를 자주 듣곤 하지요.

네, 종종 들어 봤어요.

그런데 에리 씨는 이 숫자를 어떻게 생각하시나요?

'평균 연봉 = 평범한 사람들의 연봉'이라고 인식하면 '다들 이렇게 돈을 많이 받고 있는 거야?'라는 생각이 들지 않던가요?

맞아요!

체감하기로는 구인 정보 사이트 같은 곳을 봐도 그렇게 높은 연봉으로 구인을 하는 회사가 별로 없던데 말이에요….

⊡ 다른 대푯값으로 '연봉'을 다시 바라본다

그렇다면 평균값 이외의 대푯값으로 일본의 연봉 데이터를 살펴봅시다.

앞에서 배운 중앙값과 최빈값이 등장하겠군요!

실제 연봉 분포를 그래프로 나타내면 다음과 같은 그림이 됩니다.

제가 조사한 데이터에 따르면, 일본에서 일하는 회사원

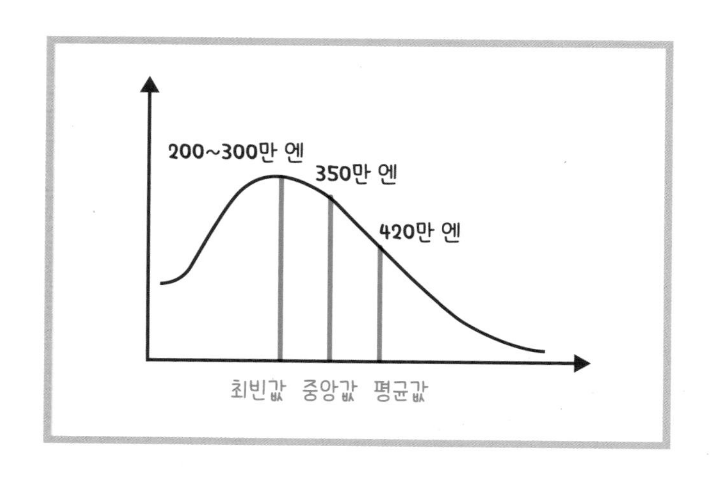

의 평균 연봉의 중앙값은 '350만 엔' 정도인 듯합니다.

보충 설명을 하자면, 연봉의 중앙값이란 '연봉 데이터를 낮은 금액부터 높은 금액의 순서로 나열했을 때 한가운데에 위치하는 금액'을 의미합니다.

420만 엔과 350만 엔…. 70만 엔이나 차이가 나네요.

상당히 큰 차이이지요.

다음으로, 연봉의 최빈값을 살펴보니 '200~300만 엔'이라는 결과가 나왔습니다. 연도 등에 따라 오르락내리락하기는 하지만, 중앙값보다 평균 연봉과의 차이가 더

커졌지요.

놀랍네요….

⊡ '평균'='평범함'이 아니다

이렇게 보니 '평균 연봉을 받는 회사원'이 반드시 다수파는 아니라는 게 보이지 않나요?

정말 그러네요. 그래프를 봐도 '평균 연봉'인 사람이 그렇게 많지는 않다는 걸 알 수 있어요.

에리 씨가 처음에 받았던 인상대로 많은 사람이 420만 엔이나 되는 연봉을 받고 있지 않다는 사실을 알 수 있지요.
중앙값인 350만 엔은 '이것보다 많이 받는 사람과 적게 받는 사람의 수가 정확히 같아지는 금액'이고, 최빈값인 200~300만 엔은 '이 정도의 연봉을 받고 있는 사람이 가장 많다'라는 의미입니다.

이렇게 보니까 평균값보다 중앙값이나 최빈값이 좀 더 '평범'에 가까운 느낌이네요.

사실 이 경우는 엄청나게 높은 연봉을 받는 일부 사람들의 존재가 평균값을 크게 높인 결과입니다. 평균값은 이렇게 '수는 적지만 값이 큰' 것의 영향을 강하게 받거든요.
그러므로 이런 분포의 데이터에서는 평균이 반드시 '평범함'을 의미하지는 않는다고 말할 수 있습니다.

⊡ '평범함'은 데이터의 들쭉날쭉함에 따라 달라진다

평균이라는 게 그다지 참고가 되지는 않는 것이었네요.

반대로 데이터가 평균값의 주위에 균일하게 분포되어 있을 경우에는 '평범'에 가까운 평균값이 나옵니다. 참고로 제 키가 165센티미터인데, 일본인 남성의 평균 신장은 170센티미터보다 약간 큰 정도입니다. 즉 일본인의 신장 데이터가 평균값 주위에 거의 균일하게 분포되어 있기 때문에 '평균 신장 = 평범한 신장'이라고 할 수 있겠지요.

호오, 그렇군요.

사실은 "신장의 경우도 평균과 평범함은 일치하지 않는다"라고 말하고 싶어서 조사한 것이었는데…(ㅜㅜ).

슬픈 뒷이야기네요(^^). 중앙값은 어떤가요?

중앙값도 평균값과 거의 같습니다.

죄송해요. 더 이야기하면 상처를 더욱 후벼 파게 될 것 같으니 이쯤에서 다른 사례로 넘어가지요….

이처럼 데이터가 얼마나 들쭉날쭉하게 분포되어 있느냐에 따라 평균값이나 중앙값, 최빈값으로 데이터의 특징을 잘 나타낼 수 있느냐 없느냐가 크게 달라진답니다.

예를 들어 구인 정보 사이트 같은 곳을 보면 기업의 '평균 연봉'이라는 항목이 있는데, 그것이 실제로 받을 수 있는 금액과 일치하지 않는 경우도 염두에 둬야 합니다. 일부 사람들의 연봉만 특출하게 높을 가능성도 있기 때문이지요.

그랬군요. 분명히 제 체감과도 차이가 있었어요….

에리 씨는 진지하게 이직을 생각해 보시는 편이 좋을지도 모르겠습니다(^^).

LESSON
7

'데이터의 들쭉날쭉함'은 '표준편차'로 살펴본다

⊡ '데이터의 들쭉날쭉함'에 따라 평균을 바라보는 시각이 달라진다

대푯값을 알면 뉴스를 보는 시각이 달라지는군요!

흥미가 생기셨나 보네요!

그러면 흥미가 가라앉기 전에 다음 주제로 넘어가겠습니다.

신장처럼 데이터가 평균값의 주위에 균일하게 분포하는 데이터를 상상해 보시기 바랍니다.

그런 데이터의 그래프를 2개 그려 보겠습니다.

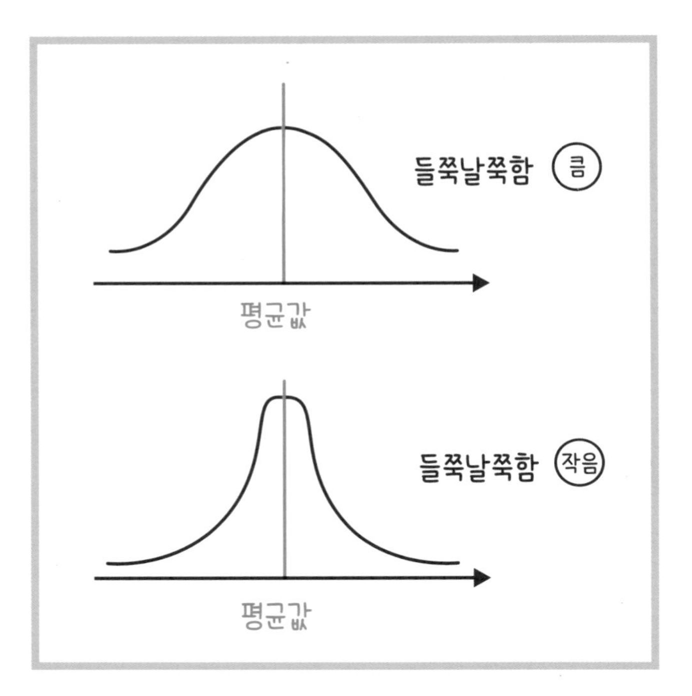

이 두 데이터는 평균값은 같지만 들쭉날쭉한 정도에 상당한 차이가 있습니다. 분포의 형태가 상당히 다르지요. 하지만 평균값은 같기 때문에, 당연한 말이지만 평균값만 들어서는 두 데이터의 차이를 읽어낼 수 없습니다. 요컨대 특징을 제대로 파악할 수 없다는 말이지요.

데이터의 들쭉날쭉한 정도를 수치로 나타내는 방법은

없나요?

에리 씨, 감이 상당히 날카로워지셨네요! 통계학에는 그 들쭉날쭉한 정도를 나타내는 지표가 있답니다. 이번에는 그 방법을 소개해 드리지요.

⊡ '데이터의 들쭉날쭉함'을 수치화한다

데이터의 들쭉날쭉함을 계산할 수 있다는 말인가요? 굉장히 어려울 것 같은데….

먼저 앞에서 살펴봤던 어느 학급의 시험 점수를 예로 들면서 이야기를 진행하겠습니다.

2점, 3점, 3점, 6점, 7점, 7점, 7점, 9점, 10점

이런 점수였지요.

아까부터 계속 나왔던 그거네요!

그러면 이 데이터의 들쭉날쭉한 정도를 살펴보지요.

먼저 '들쭉날쭉함'을 '평균값과의 거리'라고 생각해 보겠습니다.

평균값과의 거리요?

순서대로 차근차근 설명해 드리지요. 이 학급의 시험 점수 평균값은 '6'이었습니다.

다시 말해 '2점'을 받은 첫 번째 학생은 '2 − 6'으로, 평균으로부터 '−4'의 거리가 있지요.

평균값으로부터 얼마나 거리가 벌어져 있느냐는 이야기군요.

네. 마찬가지로 두 번째 학생은 '3 − 6'이니까 '−3'의 거리가 있습니다. 6점을 받은 학생의 경우는 평균값과 같기 때문에 거리는 당연히 '0'이 되지요.

평균값보다 점수가 높은 학생은 어떻게 되나요?

7점을 받은 학생의 경우는 '7 - 6 = 1'이므로 '+1'의 거리입니다.

평균값을 기준으로 +와 -로 거리를 나타내는군요!

이것으로 '각각의 점수가 평균값으로부터 얼마나 거리가 벌어져 있는가?'라는 값이 나왔습니다.

	점수	평균과의 거리
1번째 학생	2	-4
2번째 학생	3	-3
3번째 학생	3	-3
4번째 학생	6	0
5번째 학생	7	+1
6번째 학생	7	+1
7번째 학생	7	+1
8번째 학생	9	+3
9번째 학생	10	+4

⊡ '들쭉날쭉한 정도'의 합계로 판단할 수 있다?

오! 이제 이 평균과의 거리를 전부 더하면 데이터의 전체적인 들쭉날쭉함을 나타낼 수 있겠네요!

과연 그럴까요? 그러면 시험 삼아 이 값들을 전부 더해 보세요.

으음, −4, −3, −3, 0, +1, +1, +1, +3, +4이니까….
어라? 0이 나왔어요!

사실 이건 우연한 결과가 아닙니다.
양 방향의 거리와 음 방향의 거리가 서로 상쇄되어 버렸기 때문이지요.
양의 방향이든 음의 방향이든 평균값으로부터 거리가 벌어져 있는 건 틀림이 없는데, 단순히 전부 더한다면 상쇄가 되어 버리는 겁니다.
그래서 약간의 궁리가 필요합니다.

⊡ '거리의 제곱'을 더한다

그 약간의 궁리라는 건 뭔가요?

음의 방향의 거리를 마이너스인 채로 양의 방향의 거리와 더한 것이 문제였습니다. 에리 씨, 음수를 양수로 만드는 방법이 무엇이었는지 혹시 기억하시나요?

그게, 뭐였더라….

'제곱을 하는 것'입니다. 그렇게 하면 양의 방향의 거리는 변함없이 양수이고, 음의 방향의 거리도 $(-4)^2 = +16$처럼 역시 양수가 되지요.

앞에서 나온 평균과의 거리들을 각각 제곱하면,

+16, +9, +9, 0, +1, +1, +1, +9, +16

이 됩니다.

이것을 전부 더하면 적어도 앞에서처럼 합계가 0이 되

는 사태는 일어나지 않겠지요?

분명히 그러네요!

⊡ '데이터의 수'로 나눈다

이제 조금만 더 하면 들쭉날쭉한 정도를 수치화할 수 있습니다!

아직도 생각해야 할 게 있나요?

분명히 평균과의 거리를 제곱한 것을 전부 더하면 대략적으로나마 '데이터의 들쭉날쭉한 정도'가 될 것 같기는 합니다. 다만 이대로 내버려 두면 데이터의 수가 늘어날수록 그 합계도 커지겠지요?

늘어난 데이터의 수만큼 0 이상의 수가 더해지니까 분명히 그렇겠네요.

정말 이것으로 '데이터의 들쭉날쭉한 정도'를 나타냈다

고 할 수 있을까요? 데이터에 따라서는 '매우 방대한 양의 데이터가 있지만 그 대부분이 평균값 주위에 집중되어 있는' 경우도 있을 겁니다. 그런 사정도 감안해서 최종적으로는 거리의 제곱을 데이터의 수로 나눕니다. 그러면 데이터의 수가 늘어날수록 분모의 숫자가 커지니까 숫자가 커지는 것을 막을 수 있겠지요.
이번에 든 예의 경우에는 다음의 식이 들쭉날쭉한 정도를 나타냅니다.

$$\frac{16+9+9+0+1+1+1+9+16}{9}$$

와! 드디어 종착점에 도달했네요!
아, 그렇다면 이것도 어떤 새로운 기호를 사용해서 표시하나요?

그렇습니다!
보통은 그리스 문자인 'σ(시그마)'라는 기호를 사용해서 다음과 같이 나타냅니다.

$$\sigma^2 = \frac{\text{평균값과의 거리의 제곱의 합계}}{\text{데이터의 개수}}$$

이것을 '분산'이라고 합니다. 들쭉날쭉한 정도를 나타내기에 딱 알맞은 명칭이지요.

어…. 그런데 σ의 오른쪽 위에 2를 붙여서 제곱처럼 표기한 이유는 뭐죠?

중요한 걸 발견하셨네요.

진짜 이유는 뒤에서 설명해 드릴 테니, 지금은 일단 데이터의 들쭉날쭉한 정도를 나타내는 '분산'을 σ^2으로 적는다고 받아들여 주시기 바랍니다.

그러면 지금 다루고 있는 예에 대해 이 분산의 값을 구해 보도록 하지요.

$$\sigma^2 = \frac{\text{평균값과의 거리의 제곱의 합계}}{\text{데이터의 개수}}$$

$$= \frac{16+9+9+0+1+1+1+9+16}{9}$$

$$= \frac{62}{9}$$

$$= 6.8888\cdots$$

$$\fallingdotseq 6.9$$

이렇게 됩니다. 참고로 '≒'는 '거의 같다'라는 의미입니다. 가령 원주율인 '3.14'도 본래는 '3.14159265…'로 소수점 이하가 계속되기 때문에 'π ≒ 3.14'라고 적기도 하지요.

데이터의 들쭉날쭉한 정도가 6.9이군요!
하지만 이 점수가 전체적으로 평균과 6.9점이나 차이가 나는 것처럼 보이지는 않는데요.

그렇습니다. 사실 분산의 값 자체는 실제 '점수'와 직접

적인 관계가 없답니다. 그러면 이 점에 관해 더 살펴보도록 하지요.

⊡ 좀 더 직관적인 들쭉날쭉함의 지표

분산은,

$$\sigma^2 = \frac{\text{평균값과의 거리의 제곱의 합계}}{\text{데이터의 개수}}$$

와 같이 '평균값과의 거리의 제곱의 합계'를 '데이터의 개수'로 나눈 것이었지요? 그렇다는 말은 "'평균값과의 거리의 제곱'의 평균"이라고도 생각할 수 있지요.

무슨 말인지 하나도 모르겠어요!

그렇게 해맑은 표정으로 모르겠다고 하시면 어떡해요(ㅜㅜ). 우리가 평균 점수를 구할 때, 전원의 점수의 합계를 데이터의 개수로 나눴지요? 그것과 마찬가지로 각 데이터의 평균값과의 거리의 제곱의 합계를 데이터의

개수로 나눴다는 뜻입니다.

아하, 그런 말이군요. 하지만 그렇다면 '제곱의 평균'이 되어 버리잖아요?

맞습니다.

그래서 분산의 수치가 실제 점수의 들쭉날쭉함보다 더 크게 느껴지는 것이지요. 거리의 제곱의 평균을 구한 것이었으니까요.

그렇다면 실제의 들쭉날쭉함은 그 제곱을 하기 전의 수치 정도겠군요.

에리 씨, 그 '제곱을 하기 전의 수'를 수학에서 뭐라고 했었지요?

뭐라고 했었더라?

제곱근, $\sqrt{}$(루트)라고 한답니다.

아, 맞다! 루트였어요! 오랜만에 들어 보네요.

예를 들어 $\sqrt{4} = 2$, $\sqrt{9} = 3$ 같은 식으로 루트 속의 수를 제곱하기 전의 수로 되돌려 주는 것이었지요.

하지만 '제곱해서 6.9가 되는 수'를 암산으로는 구하기 힘드네요.

그건 분명히 그렇습니다. 그러면 계산기를 사용해서 구해 보도록 하지요. 분산 σ^2의 제곱하기 전의 수를 생각해야 하니까, 오른쪽 위에 붙은 2를 떼어낸 σ로 표시하겠습니다. 그러면 그 값은,

$$\sigma = \sqrt{6.9} \fallingdotseq 2.6$$

이 됩니다. 이 σ를 '표준편차'라고 하지요.

그렇다면 표준편차를 제곱한 것이 분산이라고 생각해도 되나요?

그렇습니다.

표준편차가 실제 들쭉날쭉한 정도에 가까운 수치처럼 느껴지지 않나요?

분명히 2.6점 정도로 들쭉날쭉하다고 하면 위화감은 느껴지지 않아요.

참고로 분산에 σ^2이라는 제곱을 붙인 기호를 사용한 이유는 여기에 루트를 씌운 값을 표준편차라고 부르고 그것을 σ로 표기하기 때문입니다. 제곱이라는 차이밖에 없는데 굳이 별도의 기호를 사용하기는 좀 뭣하기 때문에 같은 기호를 사용하면서 제곱을 붙인 것이지요.

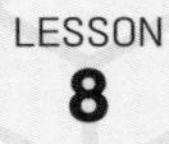

'편찻값'이란 무엇일까?

⊡ 자신이 받은 점수가 얼마나 대단한지를 나타내는 '편찻값'

그런데 표준편차라는 게 모의고사 같은 데서 자주 나오는 '편찻값(한국의 표준 점수—옮긴이)'하고는 다른 건가요?

별개의 것이기는 하지만 밀접한 관계가 있습니다. 기왕 이야기가 나왔으니 추가로 설명해 드리지요. 그런데 에리 씨는 편찻값에 관해 어떤 이미지를 가지고 계신가요?

'편찻값 = 성적'이라고나 할까요? 학창 시절에 입시 준비를 열심히 하는 친구들이 편찻값 이야기를 종종 꺼냈

던 기억이 나요.

맞습니다. 입시 학원에서 홍보 문구로 사용할 만큼 유명한 말이지요. 간단하게 설명하자면 편찻값은 '그 시험에서 자신이 받은 점수가 얼마나 대단한가?'를 보여 주는 숫자입니다.

그냥 자신의 점수를 평균 점수와 비교하면 안 되나요?

예를 들어서 '50점 전후의 점수를 받은 사람이 많은 가운데 평균이 50점인 시험'에서 90점을 받는 것과 '다양한 점수를 받은 사람들이 많은 가운데 평균이 50점인 시험'에서 90점을 받는 것 중 어느 쪽이 더 '대단'할까요?

으음…. '50점 전후의 점수를 받은 사람이 많은 가운데 평균이 50점인 시험'에서 90점을 받는 쪽이 더 대단한 것 같아요. 특출하게 높은 점수를 받은 사람이 거의 없으니까요.

그렇지요. 이처럼 단순히 평균점과의 차이만 보고 일희일비해서는 자신의 진짜 학업 능력을 파악하기가 어려운 법이지요.

그렇군요! 이제 알겠어요(^^).

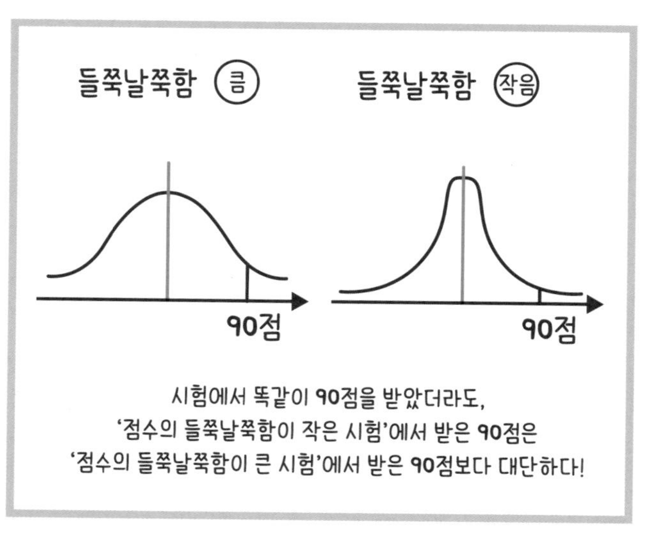

시험에서 똑같이 90점을 받았더라도,
'점수의 들쭉날쭉함이 작은 시험'에서 받은 90점은
'점수의 들쭉날쭉함이 큰 시험'에서 받은 90점보다 대단하다!

⊡ '표준편차'를 사용해서 '편찻값'을 계산한다

그러면 이 '대단함'을 숫자로 나타낼 방법을 생각해 봅

시다. 학업 능력을 충분히 나타낼 수는 없다고 해도 평균과의 차이는 역시 중요하니까, 이것을 먼저 식으로 나타내 보겠습니다.

'x'를 자신의 점수, '$\bar{x}$'를 지금까지와 마찬가지로 평균이라고 했을 때,

$$x - \bar{x}$$

이것이 '평균 점수와의 차이'입니다.

계속 접하다 보니 문자에 대한 공포도 점점 사라져 가네요!

그리고 이 '평균 점수와의 차이'를 다음과 같이 가공해 봅시다.

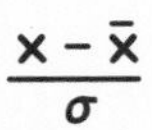

$$\frac{x - \bar{x}}{\sigma}$$

앗! 표준편차인 σ로 나눴네요? 왜 표준편차로 나누는 거죠?

에리 씨, 표준편차는 무엇을 나타낸 것이었을까요?

그게 분명히 '들쭉날쭉한 정도'였어요!

그렇습니다. 단순히 '평균 점수와의 차이'를 보는 것이 아니라 그것을 '들쭉날쭉한 정도'로 나누는 것이지요. 이렇게 하면 들쭉날쭉한 정도가 작을 경우 분수의 분자에 위치하는 '평균 점수와의 차이'가 조금만 변해도 수치가 크게 변합니다. 그 결과 앞에서 말씀드렸던 "점수의 들쭉날쭉함이 작은 시험에서 높은 점수를 받은 것은 대단하다"라는 것을 표현할 수 있게 되는 거지요.

1/100에서 2/100가 되는 것보다 1/10에서 2/10가 되는 쪽이 변화가 확실히 더 크니까요.

그러면 앞에서 예로 들었던 학급의 점수를 사용해서 계산해 보겠습니다.

이 학급 점수의 표준편차는 2.6이었으니까,

① '10점'을 받은 사람

$$\frac{10-6}{2.6} = \frac{4}{2.6} \fallingdotseq 1.53$$

② '4점'을 받은 사람

$$\frac{4-6}{2.6} = \frac{-2}{2.6} \fallingdotseq -0.76$$

⊡ 일반적인 '편찻값'은 '10배 해서 50을 더한다'

1.53하고 −0.76…. 어딘가 편찻값 같지 않은 숫자가 나왔네요.

그렇습니다. 사실 '편찻값'이라고 부르는 것은 이 수를 '10배 해서 50을 더한' 값입니다.

편찻값을 나타내는 문자를 'z'라고 하면 다음과 같은 식이 되지요.

$$z = \frac{x - \bar{x}}{\sigma} \times 10 + 50$$

어? 왜 그러는 건가요?

그다지 깊은 뜻은 없고 알기 쉬운 숫자로 바꾸기 위한 작업입니다. 값이 작으니까 10배를 하고, 50을 더함으로써 평균 점수를 받은 사람($x = \bar{x}$)의 편찻값이 50이 되도록 만든 것이지요.

앞의 예를 가지고 계산해 보겠습니다.

① '10점'을 받은 사람

$$z = \frac{10 - 6}{2.6} \times 10 + 50 \fallingdotseq 1.53 \times 10 + 50$$
$$= 65.3$$

② '4점'을 받은 사람

$$z = \frac{4 - 6}{2.6} \times 10 + 50 \fallingdotseq -0.76 \times 10 + 50$$
$$= 42.4$$

'10점을 받은 사람의 편찻값은 65.3', '4점을 받은 사람의 편찻값은 42.4'…. 이렇게 하니까 굉장히 편찻값다워졌어요!

⊡ 왜 편찻값을 구할 때 '10배 해서 50을 더하는' 것일까?

하지만 왜 '10배 해서 50을 더하는' 건지 그 의미는 모르겠어요.

'10배 해서 50을 더한다'라는 추가 작업을 하기 전의

$$\frac{x - \bar{x}}{\sigma}$$

라는 양은 분모가 '데이터 전체 점수의 들쭉날쭉함'이고 분자는 '개개 점수의 들쭉날쭉함'이기 때문에 값이 비슷한 경우가 많습니다. 그래서 '1.53'이라든가 '−0.76'처럼 1에 가까운 소수가 되기 쉽지요.

일상에서는 거의 안 쓰는 수네요….

그래서 사람들이 이해하기 쉽도록 50이 딱 중간이 되는 0부터 100까지의 가장 적당한 수로 만들기 위해 '1.53'이라든가 '−0.76'이라는 숫자를 10배 해서 그 차이가 잘 보이게 하고, 다시 '50'을 더해서 수를 크게 만든 겁니다.

편찻값이 100 이상이 되거나 0 이하가 되는 경우도 있나요?

네. 정의상으로는 그런 값도 나올 수 있습니다.

표준편차가 매우 작은 시험에서 평균 점수보다 특출하게 높은 점수 또는 특출하게 낮은 점수를 받으면 그럴 수 있지요. 물론 그런 일은 거의 일어나지 않습니다만.

마이너스 편찻값 같은 걸 받았다가는 충격에 사흘 정도는 앓아누울 것 같네요(^^).

LESSON
9

'상관관계'란 무엇일까?

⊡ '양의 상관관계'와 '음의 상관관계'

이제 마지막으로 '상관관계'를 소개하고 수업을 마칠까 합니다. 용어 자체는 어디선가 들어 본 적 있지 않나요?

네, 있어요! 하지만 정확히 무슨 뜻인지는 잘….

'상관관계'는 크게 나눠서 '양의 상관관계'와 '음의 상관관계'라는 두 종류가 있습니다.

그것도 어디선가 들어 본 적 있어요!

먼저 양의 상관관계는 이해하기가 쉬울 겁니다. 간단한

예로는 수학 시험 점수와 국어 시험 점수의 상관관계가 있지요.

⊡ '양의 상관관계'란?

국어 시험 점수를 가로축, 수학 시험 점수를 세로축에 놓습니다. 그런 다음 각 학생의 국어와 수학 시험 결과에 맞춰 그래프에 점을 찍습니다.

국어 점수가 50점, 수학 점수가 50점이라면 그래프의 한가운데에 점을 찍는 식이겠네요.

그렇습니다. 그러면 대부분의 경우 다음 그림처럼 되지요.

수학 점수

국어 점수

오른쪽 위 방향으로 점이 드문드문 찍혀 있네요.

요컨대 '국어 점수가 높은 사람은 수학 점수도 높은' 경향이 있다는 의미이지요.

하지만 국어는 굉장히 잘하는데 수학은 약한 학생도 보여요.

물론 개개인을 놓고 보면 그런 학생도 있을 겁니다. 다만 전체적인 경향을 보면 그렇다는 이야기이지요.

그렇군요. 뭐, 어떤 학교든 비슷할 것 같기는 해요.

이처럼 국어와 수학 시험의 점수를 그래프로 그려 보면 전체적으로 오른쪽 위를 향하는 그래프가 그려집니다. 그리고 이렇게 "한쪽이 클 때 다른 쪽도 큰 경향이 있는 관계를 '양의 상관관계'"라고 하지요.

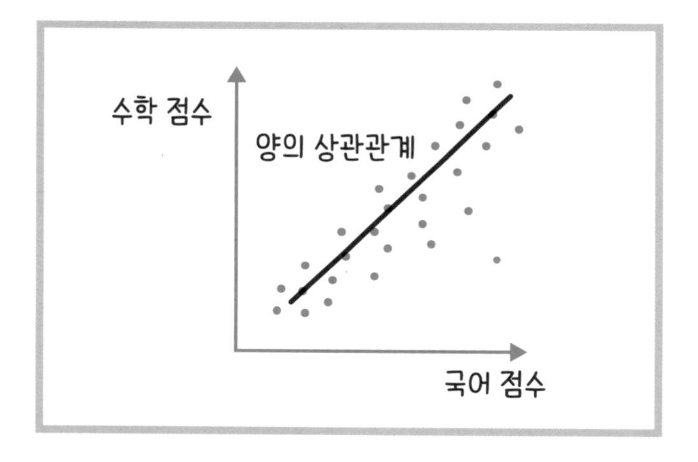

찾아보면 이런 관계가 많이 있을 것 같아요.

물론입니다. 생각해 보면 당연하지만, '신장과 체중'도 이런 관계이지요. 키가 크면 그만큼 몸무게도 많이 나가기 때문에 그래프로 그려 보면 오른쪽 위를 향하게 됩니다.

살이 쪘든 안 쪘든 키가 큰 사람이 몸무게도 더 많이 나가기는 해요.

⊡ '음의 상관관계'란?

다음에는 양의 상관관계의 반대 버전인 '음의 상관관계'의 예를 생각해 보도록 하겠습니다.

반대 버전이요?

양의 상관관계는 오른쪽 위를 향하는 그래프였지요? '음의 상관관계'는 반대로 그래프가 오른쪽 아래를 향하거든요.

한쪽이 커지면 다른 한쪽은 작아지는 관계라…. 어떤 예가 있을까요?

음의 상관관계에 관해서는 구체적인 예를 들기가 어렵습니다. 그래서 제가 초등학생 때 자유 연구의 주제로 음의 상관관계를 다뤘던 이야기를 해 드리겠습니다.

초등학교 때 음의 상관관계를 연구했다고요? 대체 어떤 초등학생이었던 건가요(^^).

그때 제가 연구했던 주제가 무엇인가 하면, '외우고 있는 원주율의 자릿수와 친구 수의 관계'입니다.

…원주율과 친구요?

원주율은 초등학교 때 배우는데, 이때 아이들의 패턴은 두 가지로 나뉩니다. '3.1415926535…'처럼 원주율을 최대한 길게 외우려는 아이와 '3.14'까지만 외우고 그 이상은 흥미가 없는 아이로 나눌 수 있지요.

맞아요! 저는 흥미가 없는 쪽이었어요!

그래서 '열심히 외우려는 아이'와 '흥미가 없는 아이'는 무엇이 다를까? 라는 것을 자유 연구의 주제로 삼았었지요.

…그게 친구의 수였나요?

이건 어디까지나 당시 저의 주관적인 생각에 불과했지만, 열심히 외우려는 아이와 흥미가 없는 아이는 캐릭터가 다르다고 생각했거든요.

캐릭터가 다르다는 게 무슨 뜻인가요?

요즘 식으로 말하면 '인싸', '아싸' 같은 느낌입니다. 그래서 학교 전체를 돌아다니며 친구의 수와 외우고 있는 원주율의 자릿수를 물어보고 그 결과를 그래프로 만들었는데, 다음과 같이 음의 상관관계가 뚜렷하게 나타났답니다!

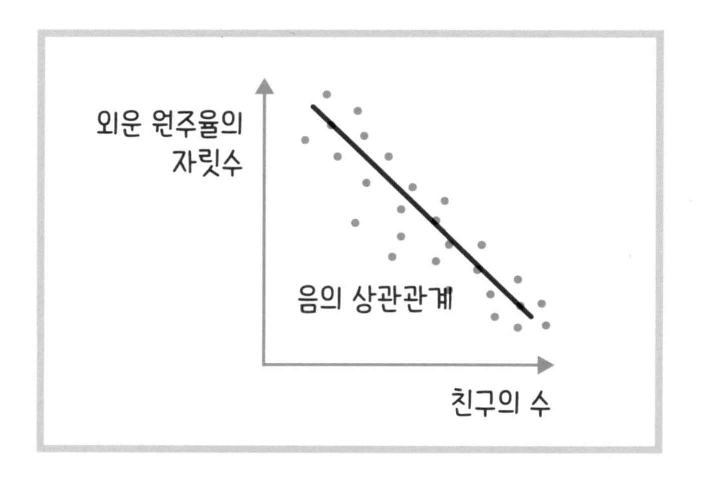

친구의 수는 어떻게 조사하셨나요?

직접 물어봤지요. "너, 친구 몇 명이야?"라고요.

충격적인 질문이네요…. 동급생이 그런 걸 물어보면 분위기가 썰렁해질 텐데요.

그런 다음 "원주율은 어디까지 외웠어?"라고 물어봤지요. 기껏해야 '3.14'보다 조금 더 외우는 아이가 대부분이었지만, 조사 결과 '외우고 있는 원주율의 자릿수가 많을수록 친구가 적다'라는 명확한 '음의 상관관계'를 보였습니다!

하, 하하…(^^).

물론 아이들이 생각하는 친구의 정의가 서로 다를 가능성이 있기 때문에 "평소에 그 아이와 얼마나 이야기를 해?" 같은 질문도 함께 했습니다.

선생님한테 혼나지는 않았나요?

물론 담임 선생님한테 크게 꾸중을 들었고, 연구도 중단되었습니다. 슬픈 추억이지요.

당연히 그럴 것 같았어요(^^).

여담인데, 반에서 제일 쾌활하고 친구도 많은 아이한테 원주율을 물어봤더니 1초의 망설임도 없이 "4!"라고 말하더군요. 음의 상관관계의 표본과도 같은 아이였습니다.

지금 발언에는 사심이 많이 들어간 것 같은데요(^^).

음의 상관관계는 양의 상관관계보다 발견하기가 어렵습니다. 다만 한쪽이 클 때 다른 쪽은 작은 관계, 한쪽이 작을 때 다른 쪽은 큰 관계를 말합니다. 참고로 말씀드리면, 저는 원주율을 소수점 이하 500자리까지 외우고 있습니다.

LESSON
10

'상관관계'를 사용할 때는 이 점에 주의하자!

확대 해석은 금물!

다쿠미 선생님의 자유 연구는 솔직히 좀 썰렁했지만, 상관관계를 찾아내는 건 저도 해 보고 싶네요. 어떤 법칙을 발견한 듯한 기분이 들 것 같아요.

실제로 상관관계가 발견되면 정말 신이 나지요.
다만 상관관계는 착각하기 쉽다는 위험성을 내포하고 있습니다.

착각하기 쉽다고요?

네. '상관관계를 확대 해석해 버리는' 문제이지요.

⊡ 상관관계가 반드시 인과관계를 의미하지는 않는다

그게 무슨 말씀이신가요?

앞에서 '양의 상관관계'를 소개할 때 '국어 점수가 높은 사람은 수학 점수도 높은 경향이 있다'라는 예를 들었습니다. 이것 자체는 있을 만한 사례이지요.

다만 그렇다고 해도 이 데이터에서 '수학을 잘하려면 국어 공부를 해야 하는구나. 수학 점수가 낮으니 국어 공부를 하자'라는 해석을 이끌어낼 수는 없습니다. 다시 말해 이 데이터를 근거로 "수학 점수와 국어 점수는 직접적인 관계가 있다"라고 말할 수 없다는 것이지요.

어, 그런가요?

상관관계가 반드시 인과관계를 의미하지는 않는다는 것이 중요합니다.

인과관계…요?

인과관계라는 건 '원인과 결과의 관계'를 뜻합니다. 바꿔 말하면 'A가 B를 일으키는 관계'이지요.

여기에서 포인트는 '반드시 의미하지는 않는다'인가요?

날카로우시네요.
말씀하신 대로 '반드시 의미하지는 않는다'가 포인트입니다. 인과관계가 있어서 상관관계가 만들어지는 경우도 물론 있기는 하니까요.

예를 들면 '학습 시간과 학교 성적'의 경우가 그럴 것 같아요. 공부를 많이 할수록 그것이 원인이 되어서 학교 성적이 좋아지는 결과가 만들어질 가능성이 있으니까요.

그렇습니다. 다만 '그렇지 않은 경우'도 있다는 이야기이지요.
다음 수업에서는 이 '상관관계의 함정'에 관해 생각해 보도록 하겠습니다.

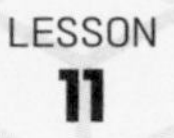

'상관관계'의 함정이란?

⊡ 아이스크림과 익사자 수 사이에는 인과관계가 있는가?

반드시 인과관계를 의미하지는 않는 상관관계…. 뭔가 좀 어렵네요.

가령 앞에서 예로 들었던 국어 점수와 수학 점수의 경우, 양의 상관관계가 성립하는 이유는 국어 실력이 수학 실력을 끌어올려서가 아니라 단순히 '공부를 좋아하는 사람은 국어도 수학도 열심히 공부하는 경우가 많아서'일지도 모르기 때문이지요.
그러면 구체적이면서 알기 쉬운 사례를 조금 더 소개해 드리겠습니다.

자주 등장하는 유명한 예로 '어떤 지역의 아이스크림 매출액'과 '그 지역의 익사자 수'라는 것이 있습니다.

아이스크림과 익사자요?

상상하기 쉽지 않은 조합이지요(진땀).
그런데 실제로 조사해 보면 어떤 지역의 아이스크림의 매출액과 익사자 수 사이에는 양의 상관관계가 존재함을 알 수 있습니다.

그런 상관관계가 있을 줄이야….

어떤가요? 양의 상관관계가 있다고 해서 '그렇구나. 아이스크림이 많이 팔리면 물에 빠져 죽는 사람이 늘어나니까 아이스크림을 팔면 안 되겠네'라는 생각이 드시나요?

으음…, 역시 그런 생각은 안 들어요.

그것이 일반적인 감각이지요.

당연한 말이지만 아이스크림이 익사를 유발하는 원인은 아니니까요.

⊡ 아이스크림과 익사 사이에는 인과관계가 있다?

그런데 왜 그런 상관관계가 생겨난 걸까요?

이렇게 생각할 수 있습니다.

① 기온이 높은 날에는 아이스크림이 많이 팔린다.

② 기온이 높은 날에는 물놀이를 하는 사람이 늘어나기 때문에 익사하는 사람도 증가한다.

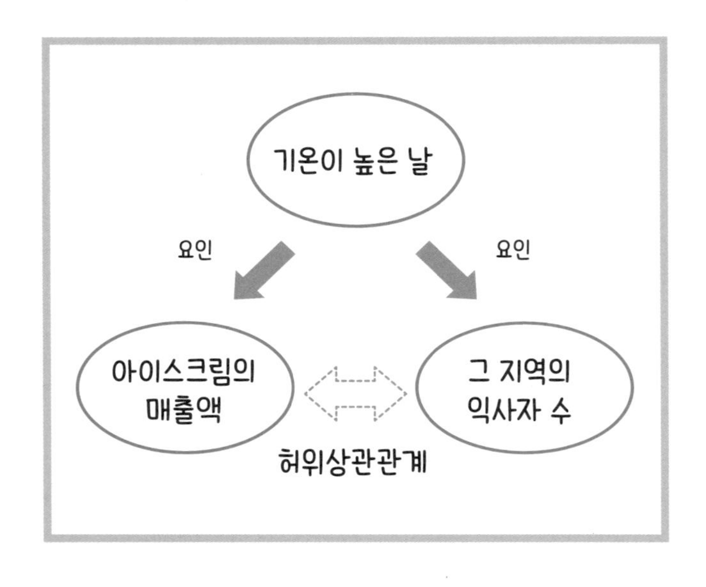

요컨대 이 상관관계에는 '별도의 공통 요인'이 있었던 것입니다. 그리고 이 사례에서 별도의 공통 요인은 '기온이 높다'입니다.

그렇군요! 처음에 양의 상관관계가 있다고 들었을 때 느꼈던 위화감이 해소된 기분이에요.

이처럼 공통의 요인이 인과관계가 없는 상관관계를 만들어내는 경우가 있습니다. 이것을 '허위상관관계'라고

합니다.

단순한 문제인데도 잘못 이해할 뻔했어요. 상관관계라는 건 잘못 사용하면 터무니없는 오해를 부를 수도 있겠네요.

말씀하신 대로입니다.
상관관계는 언뜻 굉장히 설득력이 높아 보이지만, 허위 상관관계일 가능성도 있다는 점을 깨닫지 못하면 커다란 오해를 낳을 우려가 있기 때문에 주의가 필요하지요.

'허위상관관계'를 간파하는 방법

⊡ 허위상관관계도 상관관계다

상관관계를 안일하게 사용했다가는 오해의 씨앗이 될 수도 있군요.

그렇습니다. 상관관계에서 어떤 결론을 내려고 할 때는 항상 '허위상관관계일 가능성'은 없는지 주의해야 합니다. 여담입니다만, 개인적으로는 이 '허위상관관계'라는 용어를 별로 좋아하지 않습니다. 듣는 사람에게 '거짓된 상관관계'라는 인상을 줄 수 있거든요.

상관관계 자체는 분명히 있으니까요.

맞습니다. 상관관계 자체는 진짜이지요. 다만 상관관계는 있지만 '직접 영향을 끼친 결과는 아닐', 요컨대 '인과관계가 없을' 뿐입니다.

저도 오해하지 않도록 조심해야겠어요!

특히 자신의 건강과 관련된 허위상관관계에는 주의가 필요합니다. 이 경우 속을 위험성이 높으니 조심하시기 바랍니다.

⊡ 휴대폰이 우울증의 원인이 된다?

"속기 쉬운 상관관계도 있다"라는 말씀이신가요?

그런 예를 한 가지 들어 보겠습니다. 아주 잠깐은 속아 넘어가실 겁니다.

어떤 나라의 휴대폰 보급률과 그 나라의 우울증 유병률 사이에는 양의 상관관계가 있습니다.

네? 휴대폰과 우울증 사이에 양의 상관관계가 있다

고요?

'휴대폰이 널리 보급된 나라일수록 우울증의 유병률이 높다'라는 겁니다.

충격적이네요….

그렇다면 우울증을 예방하기 위해 휴대폰을 멀리해야 할까요?

윽…. 건강을 위해서라면 어쩔 수 없는지도….

에리 씨, 벌써부터 성급하게 판단하고 계십니다!

앗!

이처럼 건강과 관련된 데이터를 들이밀면 많은 사람이 '우울증에 걸리면 어떡하지? 휴대폰은 위험하니까 멀리해야겠다'라고 '착각'할 위험성이 있지요.

☐ 어떤 데이터든 허위상관관계일 가능성을 생각한다

윽….

그러면 허위상관관계일 가능성에 대해 생각해 보겠습니다.

이 데이터만 가지고 "휴대폰을 사용하면 우울증에 걸리기 쉽다"라는 직접적인 인과관계를 증명할 수 있을까요?

이 데이터만으로는 충분치 않다는 말씀이시군요.

그렇습니다. 상관관계를 보고 무엇인가를 주장하거나 그 결과를 무엇인가에 활용하려면 다른 공통 요인은 없는지 항상 생각해 봐야 합니다.

☐ 허위상관관계를 간파하는 방법

그러면 휴대폰과 우울증의 '공통의 요인'이 될 만한 것

이 없는지 생각해 보지요.

으음…. 생각해 봤는데 딱히 떠오르는 게 없네요.

확실히 조금 어렵긴 합니다만 생각해 볼 수 있는 공통의 요인 중 하나로 '그 나라가 선진국인가 아닌가?'가 있습니다.

선진국인가 아닌가….

일반적으로 선진국일수록 휴대폰이 널리 보급되어 있고, 정신적인 스트레스가 큰 직업에 종사하는 사람이 많아지거든요.

그렇군요….
듣고 보니 선진국이라면 휴대폰이 직접적인 우울증을 유발하지 않더라도 양의 상관관계가 만들어질 것 같아요.

LESSON
13

'상관관계를 이용한 거짓말'에 속지 말자!

⊡ 과격한 주장에 주의하자

상관관계는 재미있지만 한편으로 무서운 부분도 있네요.

그렇습니다. 실제로 앞에서 예로 들었던 '휴대전화와 우울증' 같은 허위상관관계를 근거로 잘못된 주장을 펼치는 기사나 뉴스를 많이 볼 수 있지요. SNS에서 화제가 되는 이상한 글 중에는 특히 그런 경우가 많은 것 같습니다.

우리의 생활과 굉장히 밀접한 이야기군요.

사실 인과관계를 말하는 것은 굉장히 어려운 일입니다.

⊡ '흡연과 폐암'조차도 인과관계의 증명이 쉽지 않다

왜 어려운가요?

알기 쉬운 예로 '흡연율과 폐암'에 관해 생각해 보겠습니다. 사실은 흡연과 폐암의 인과관계조차도 명확히 설명하기가 어렵답니다.

하지만 흡연과 폐암은 확실히 인과관계가 있지 않나요?

공통 요인이 존재할 가능성을 생각해야 하지요. 가령 흡연자 중에는 술을 마시는 사람도 많을 텐데, 술이 폐암의 원인일 가능성도 있으니까요.

우와…. 온갖 가능성을 생각해야 하는군요.

'맥주를 마시면 살이 찐다'라는 것도 경험적으로는 옳다고 생각되지만, 사실 맥주 자체의 열량은 높지 않습니다. 맥주를 마실 때 먹는 안주가 원인이라는 말도 있지

요. 이처럼 두 가지 사건 사이에는 다양한 공통 요인이 존재할 가능성이 있기 때문에 하나의 상관관계만을 보고 인과관계를 주장할 수는 없답니다.

⊡ '허위상관관계로 인한 착각'에 주의하자!

폐암과 흡연의 상관관계조차 증명하기가 어렵다면 건강에 관해서는 인과관계를 말하기가 매우 어려울 것 같아요.

의학적인 사항은 매우 다각도에 걸친 조사가 필요하지요. 기사나 뉴스를 볼 때는 항상 그 점을 염두에 두는 것이 좋습니다.
물론 '폐암과 흡연'의 경우는 수많은 연구가 이루어지고 있습니다. 다만 우리의 일상 속에는 '허위상관관계로 인한 착각'이 만연하고 있으니 속지 않도록 조심해야 합니다.

일상 속에 허위상관관계가 만연하고 있다고요?

"피아노를 배우면 학업 성적이 좋아진다"라는 이야기도 그런 사례 중 하나이지요.

피아노와 학업 성적…. 이것도 '그럴 수 있겠다'라고 생각하게 되네요. 피아노를 배운 친구가 공부를 잘했던 기억이 있거든요.

가령 도쿄대학교 학생처럼 학업 성적이 우수하다는 평가를 받는 사람들을 조사해 보면 분명히 피아노를 배운 사람이 많습니다. 요컨대 여기에서는 양의 상관관계를 발견할 수 있지요.

와, 역시 그렇군요!

다만 이때 단순히 '피아노를 치는 것은 뇌를 발달시키는 효과가 있구나!'라고 생각해서는 안 됩니다.
생각해 볼 수 있는 공통 요인으로는 다음과 같은 것이 있지요.

- 가정이 유복하다
- 학원이 많은 지역에 살고 있다

분명히 돈이 많으면 더 좋은 교재를 구할 수 있을지도 모르고, 피아노 학원이 많은 지역에는 다른 학원도 많을 것 같아요!

그렇습니다. 이처럼 우리가 일상적으로 나누는 이야기 속에도 인과관계가 없는 상관관계가 매우 많이 등장하지요.

지금까지 저는 상관관계라는 게 사회 문제처럼 저 자신과는 별 상관 없는 것이라고 생각했어요. 하지만 이렇게까지 일상생활과 밀접하다면 '허위상관관계로 인한 착각'에 속지 않기 위해서라도 꼭 알아 둬야겠네요.

인과관계를 주장하는 것은 매우 어려운 일입니다. 안일하게 그런 주장을 하는 기사나 뉴스를 본다면 꼭 의심해 보시기 바랍니다!

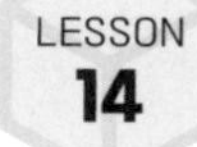

확률·통계를 이용하면 '신의 기적'의 정체도 꿰뚫어 볼 수 있다?

⊡ 확률·통계로 세상의 거짓말을 간파하자

이것으로 확률·통계 수업을 모두 마치겠습니다. 어떠셨나요?

확률도 통계도 일상적인 화제가 많이 나와서 재미있었어요! 허위상관관계 이야기는 조금 무섭긴 했지만요.

세상에는 확률·통계를 이용한 거짓말이 매우 많으니, 이 수업을 계기로 앞으로는 항상 주의하시기 바랍니다.

확률을 이용한 거짓말도 있나요?

물론입니다. 확률의 경우는 '기적의 악용'이라는 수법이 특히 많지요.

기적의 악용이요? 왠지 굉장히 무섭게 들리네요.

⊡ 확률·통계를 이용해 '신의 기적'을 계산한다

앞에서 '학급에 생일이 같은 친구가 있을 확률'에 관해 이야기했었는데, 이를테면 '4대가 생일이 같은 사람'이라는 사례가 있습니다.

4대가 생일이 같다고요?

쉽게 말해 자신과 아버지, 할아버지, 증조할아버지의 생일이 모두 같은 사람이지요.

우와! 그건 분명히 기적 같은 일이네요!

이렇게 될 확률은 '5000만 분의 1' 정도라고 합니다.

역시 기적에 가깝네요!

분명히 이런 일이 자신에게 일어난다면 그야말로 기적이라는 생각이 들겠지요.
하지만 세상에는 10억이 넘는 가족이 있습니다. 4대가 생일이 같을 확률은 '5000만 분의 1'이니까, 세상에 20가족 정도는 존재해도 이상하지 않다는 계산이 나오지요.

그 말은 조금 믿기 어렵네요(^^).

참고로 일본에도 4대가 생일이 같은 가족이 등장해서 2006년에 기네스북 인증을 받은 적이 있습니다. 미국에는 4대가 연속으로 독립 기념일에 태어난 가족도 있다고 하더군요.

그런 가족이 정말로 있군요!

⊡ 아무리 낮은 확률이라도 횟수를 늘리면 필연적으로 일어난다

당사자로서는 역시 기적처럼 느낄 겁니다. 하지만 확률을 계산해 보면 '없는 편이 오히려 이상한' 경우도 있는 것이지요.

계산을 해 보면 '일어나지 않는 것이 더 이상하다'라는 말이군요.

에리 씨가 우연히 그런 집안의 가족일 경우, 누군가가 "당신의 집안은 특별한 저주에 걸렸는지도 모릅니다. 굿을 하지 않으면 불행해질 겁니다"라고 말한다면 속아 넘어갈지도 모릅니다.

저라면 그 말을 믿을 것 같아요! 그래서 값비싼 부적을 산다든가…(^^).

그런 식으로 확률을 악용하는 사람들이 있다는 이야기를 종종 듣습니다. 하지만 확률이 낮다고 해서 일어나

지 않는 것은 아닙니다. 낮은 확률이라도 횟수를 늘리면 필연적으로 일어나는 경우가 많지요.

낮은 확률이라도 횟수로 승부하면 반드시 일어난다.

이런 확률·통계의 지식을 그대로 실제 비즈니스에 활용하기는 어려울지도 모릅니다. 하지만 '확률·통계와 관련된 이야기'를 들었을 때 무엇이 올바른 정보인지 꿰뚫어 보는 데는 도움이 되지요.

작은 인과관계를 근거로 과격한 주장을 하는 사람이 있다면 일단 의심하면서 들으라는 말씀이시군요.

그렇습니다. 인터넷의 발달 등으로 우리 주위에는 방대한 정보가 오가고 있는데, 그중에는 이렇게 확률·통계를 이용한 '거짓말'이 매우 많답니다.

인터넷 뉴스 사이트를 보면 분명히 "○○을 하는 사람은 ▲▲다"라는 기사가 많이 보여요.

그런 기사들은 통계학을 아는 사람들이 보면 화를 낼 수밖에 없는 무책임한 내용인 경우가 대부분이지요. 이런 시대이기 때문에 더더욱 '상관관계와 인과관계의 차이'에 주의하면서 이 책에서 소개한 '확률·통계의 기초 지식'을 활용하셨으면 합니다.

옮긴이 이지호

대학에서는 번역과 관계가 없는 학과를 전공했으나 졸업 후 잠시 동안 일본에서 생활하다 번역에 흥미를 느껴 번역가를 지망하게 되었다. 스포츠뿐만 아니라 과학이나 기계, 서브컬처에도 관심이 많다. 원서의 내용과 저자의 의도를 충실히 전달하면서도 한국 독자가 읽기에 어색하지 않은 번역을 하는 번역가, 혹시 원서에 오류가 있다면 그것을 놓치지 않고 바로잡을 수 있는 번역가가 되고자 노력하고 있다.
옮긴 책으로 《과학은 어렵지만 상대성 이론은 알고 싶어》, 《수학은 어렵지만 미적분은 알고 싶어》, 《축구의 멈추기 차기 절대 기술》, 《방 배치 도감》, 《유럽 명문 클럽의 뼈 때리는 축구 철학》, 《초록의 집》, 《원자핵에서 핵무기까지》, 《슬로 트레이닝 플러스》 등이 있다.

수학은 어렵지만
확률·통계는 알고 싶어

1판 1쇄 발행 | 2021년 8월 17일
1판 2쇄 발행 | 2023년 5월 19일

지은이 요비노리 다쿠미
옮긴이 이지호
감　수 이동흔
펴낸이 김기옥

실용본부장 박재성
편집 실용1팀 박인애
영업 김선주
커뮤니케이션 플래너 서지운
지원 고광현, 김형식, 임민진

디자인 푸른나무디자인
인쇄·제본 민언프린텍

펴낸곳 한스미디어(한즈미디어(주))
주소 121-839 서울시 마포구 양화로 11길 13(서교동, 강원빌딩 5층)
전화 02-707-0337 | 팩스 02-707-0198 | 홈페이지 www.hansmedia.com
출판신고번호 제 313-2003-227호 | 신고일자 2003년 6월 25일

ISBN 979-11-6007-717-9　03410

책값은 뒤표지에 있습니다.
잘못 만들어진 책은 구입하신 서점에서 교환해 드립니다.